15

Warum heißt der Fliegenpilz auch Krötenstuhl? Wie schafft es der Austernpilz, Fadenwürmer zu fangen? Und was hat der Faltentintling mit Tinte zu tun? Das sind nur einige der Fragen, die *Das kleine Pilzbuch* in 30 Porträts beantwortet.

Das Reich der Pilze ist voller Überraschungen, denn mit den landläufig als Pilz bezeichneten Fruchtkörpern sehen wir nur einen Bruchteil des gesamten Organismus. Catrin Cohnen entführt uns in die faszinierende Welt der Pilze mit ihrer Vielgestaltigkeit und zeigt ihre Bedeutung für den Menschen: als Nahrungsmittel und Medizin, aber auch als Gift und Zerstörer. Sie erzählt auch von den kulturhistorischen Hintergründen, von Sagen und Märchen, in denen Pilze eine Rolle spielen.

Liebevoll detailreiche Aquarelle von Diana Lawniczak illustrieren den Band.

Catrin Cohnen, 1966 in Bonn geboren, studierte Biologie in Tübingen und arbeitete danach mehrere Jahre bei einem medizinischen Fachverlag. Seit 1999 ist sie bei der WALA Heilmittel GmbH in der Presse- und Öffentlichkeitsarbeit tätig.

Diana Lawniczak, 1951 in Polen geboren, studierte Biologie an der Universität Wrocław/Breslau. Anschließend war sie als wissenschaftliche Journalistin tätig und arbeitete als Ornithologin an der dortigen Universität. 1981 floh sie mit ihrer Familie in die Schweiz, wo sie bis heute als freischaffende Malerin, wissenschaftliche Zeichnerin, Fotografin und Buchautorin lebt.

Im insel taschenbuch ist bereits erschienen: *Das kleine Heilpflanzenbuch* (it 4283).

insel taschenbuch 4286

Catrin Cohnen

Das kleine Pilzbuch

Catrin Cohnen

Das kleine Pilzbuch

Mit Illustrationen von Diana Lawniczak

Insel Verlag

Umschlagabbildungen: Diana Lawniczak

Für Marc, Maxi und Mia

Mit einem herzlichen Dank an Anne und Rolf Bucher und Claudia Grießer für ihre wertvolle fachliche Unterstützung.

Erste Auflage 2014
insel taschenbuch 4286
Originalausgabe

Vertrieb durch den Suhrkamp Taschenbuch Verlag
Umschlag: Anke Rosenlöcher
Satz: Satz-Offizin Hümmer GmbH, Waldbüttelbrunn
Druck: CPI – Ebner & Spiegel, Ulm
Printed in Germany
ISBN 978-3-458-35986-9

Inhaltsverzeichnis

Von Myzelverstrickungen und fliegenden Sporen: eine kleine Einführung in das Reich der Pilze ... 9
Austernpilz ... 15
Zucht-Champignon ... 19
Edelreizker ... 23
Eichhase ... 27
Faltentintling ... 31
Fliegenpilz ... 35
Glänzender Lackporling ... 41
Grüner Knollenblätterpilz ... 47
Honiggelber Hallimasch ... 51
Igel-Stachelbart ... 57
Judasohr ... 61
Gemeiner Klapperschwamm ... 65
Krause Glucke ... 69
Lärchenschwamm ... 73
Speisemorchel ... 77
Purpurbrauner Mutterkornpilz ... 83
Orangefuchsiger Raukopf ... 89
Papageigrüner Saftling ... 93
Echter Pfifferling ... 95
Riesenbovist ... 101
Satansröhrling ... 105
Schmetterlingstramete ... 107
Schopftintling ... 111
Spitzkegeliger Kahlkopf ... 115
Fichten-Steinpilz ... 121
Stinkmorchel ... 125

Gemeiner Tiegelteuerling … 129
Perigord-Trüffel … 133
Wetterstern … 139
Zunderpilz … 143
Register … 149

Von Myzelverstrickungen und fliegenden Sporen: eine kleine Einführung in das Reich der Pilze

Pilze bilden innerhalb der Lebewesen ein eigenes Reich, zu denen vielgestaltige Arten gehören. Sicherlich denken die meisten zuerst an Fliegenpilz, Pfifferling oder Champignon. Es gehören aber ebenso zum Beispiel Bier- oder Bäckerhefen und Schimmelpilze dazu, Pflanzenschädlinge wie Mehltau oder Rost, Krankheitserreger wie der zu den Hefen gehörende Candida albicans, aber auch medizinisch wichtige Arten wie der Mutterkornpilz oder Penicillium chrysogenum, in dem 1928 der schottische Bakteriologe Alexander Fleming (1881-1955) das Penicillin entdeckte. Pilze haben sich an unterschiedlichste Lebensräume angepasst. Sie wachsen in der Wüste und im Meer, ebenso wie im ewigen Eis der Arktis und Antarktis. Andere wiederum gedeihen auf Pilzen. Man kennt heute etwa 100 000 Pilzarten, geht aber davon aus, dass es mehr als fünf Millionen Arten geben könnte.

Pilze verfügen über Eigenarten, die man in dieser Kombination in keinem anderen Lebewesen findet. Weil sie Zellwände ausbilden, reihte man sie früher in das Reich der Pflanzen ein. Sie betreiben aber keine Photosynthese – das Hauptmerkmal der Pflanzen – und sind deshalb auf eine Nährstoffzufuhr von außen angewiesen. In ihrer Zellwand findet sich als Baustoff zudem Chitin, ein Polysaccharid, das sonst nur bei Insekten und Weichtieren vorkommt. Wären sie demnach nicht besser im Reich der Tiere aufgehoben? Nein, weil sie sich nicht aktiv bewegen können und eben wegen der Zellwände. Deshalb sind sie im eigenen Reich der Pilze zusammengefasst.

Das Leben eines Pilzes beginnt mit einer mikroskopisch kleinen Spore, aus der ein Hyphengeflecht wächst. Die Hyphen sind die Grundbaueinheiten eines Pilzes, die Zelle an Zelle schnurförmig aneinandergereiht zum Myzelgeflecht verwachsen. Was wir umgangssprachlich als Pilz bezeichnen, wie zum Beispiel den Champignon, ist der sich in einer kurzen Phase entwickelnde Fruchtkörper des Pilzes, den das mehrjährige, für uns meist unsichtbare Myzel hervorbringt. Und eigentlich ist er nur eine kunstvoll zusammengeknäuelte Hyphenverflechtung, die bei einigen Pilzarten in jungen Stadien in eine Hüllmembran verpackt ist, das sogenannte Velum. So unglaublich es erscheint, wenn man an das sich fest anfühlende Fleisch eines Pilzes denkt: Er besteht aus keinem echten Gewebe, sondern aus ineinander verwobenen Fäden. Damit sich diese Fruchtkörper überhaupt entwickeln, müssen zwei Myzelien miteinander verschmelzen. Das neu entstandene Myzelgeflecht ist in der Lage, den Fruchtkörper zu formen. Sinn und Zweck dieser Fruchtkörper ist es, neue Sporen zu bilden und sie zu verbreiten. Die Sporenbildung findet dabei nur in einer sporenbildenden Schicht, dem Hymenium statt, das dünn das sogenannte Hymenophor überzieht, eine oft stark oberflächenvergrößerte Struktur des Fruchtkörpers. Das sind zum Beispiel die Lamellen oder Röhren auf der Unterseite des Pilzhutes oder die einen Bovisten ausfüllende Masse. Sind die Sporen reif, schleudert das Hymenium sie von sich, der Kreislauf beginnt von Neuem.

Pilze haben drei Mechanismen entwickelt, sich zu ernähren: saprobiontisch, parasitär und symbiotisch. Saprobionten zersetzen totes organisches Material und beziehen daraus ihre Nährstoffe. Dabei besetzen sie im Ökosystem eine wichtige

Rolle als Stoffumsetzer. Ein vertrautes Bild sind Schimmel auf Obst und Baumpilze auf totem Holz, die als einzige Lebewesen in der Lage sind, den Holzbaustoff Lignin zu verdauen. Als die Pilze noch dem Reich der Pflanzen zugeordnet waren, bezeichnete man die Saprobionten als Saprophyten. Parasiten befallen lebende Pflanzen oder Tiere und entziehen ihnen so viel Nährstoffe, dass die Wirte geschwächt werden oder sterben. Beispiele sind Mehltau auf Pflanzen oder der in die Schlagzeilen geratene Chytridpilz (Batrachochytrium dendrobatidis), der als Hautparasit ein massenhaftes Sterben unserer einheimischen Froscharten verursacht. Parasitisch lebende Pilze können sich nach dem Tod ihres Wirtes oftmals saprobiontisch auf ihm weiterentwickeln. Symbionten leben so mit anderen Organismen zusammen, dass beide Partner Vorteile daraus ziehen. Als Mykorrhiza bezeichnete Pilzsymbionten vergesellschaften sich mit Pflanzen über deren Wurzelsystem. Etwa 90 Prozent der an Land lebenden Pflanzen sind in der Lage, eine Mykorrhizasymbiose einzugehen. Aber auch Tiere leben in Symbiosen mit Pilzen, zum Beispiel Blattschneiderameisen, die Pilzgärten in ihren Bauten anlegen, oder der Asiatische Laubholzbockkäfer, der in seinem Darm Pilze beherbergt, die das für ihn unverdauliche Lignin aufschließen. Eine besondere Symbiose gehen Pilze mit Grünalgen oder Cyanobakterien ein, wir bezeichnen sie als Flechten.

Für den Menschen haben Pilze unterschiedliche Bedeutungen. Sie sind Nahrungsmittel und Medizin, aber auch Gift und Zerstörer, Stoffumwandler im positiven wie negativen Sinne, psychoaktive Reisegefährten als auch Auslöser von Völkerwanderungen. Zwischen 1845 und 1852 verließen zwei Millionen Menschen Irland, von denen etwa drei Viertel nach

Amerika übersiedelten. Sie flohen vor einer großen Hungersnot, die durch Missernten ausgelöst worden war. Die Kartoffeln, damals Hauptnahrungsmittel des Landes, verfaulten auf den Feldern, Verursacher war der Phytophthora infestans, ein Pilz, der Kraut- und Knollenfäule verursacht.
Immer wieder gaben Pilze Anlass für wilde Spekulationen. Ihr merkwürdiges Aussehen, ihr plötzliches Auftauchen nach Regengüssen, Phänomene wie Hexenringe und halluzinogene Wirkungen erhielten den Glauben, Pilze seien außerirdischer Herkunft, von Donner und Blitz erzeugt und besäßen besondere Kräfte. Erst im 18. Jahrhundert setzte sich der italienische Botaniker Pier Antonio Micheli (1679-1737) wissenschaftlich mit den Pilzen auseinander und beschrieb etwa 900 Pilzarten in seinem 1729 erschienenen Werk *Nova plantarum genera juxta Tournafortii methodum disposita.* Er gilt bis heute als der Vater der Mykologie.

Das kleine Pilzbuch kann und soll kein Bestimmungsbuch ersetzen, sondern vielmehr die Faszination für das Reich der Pilze mit seiner Vielgestaltigkeit wecken. Wer Pilze sammeln und essen möchte, sollte sich Fachkundigen anschließen oder zumindest seinen Fund von einer Pilzberatungsstelle begutachten lassen. Es gibt zu viele giftige Doppelgänger, die zu erkennen eines geschulten Auges bedürfen.

Austernpilz

Synonyme: Austernseitling, Kalbfleischpilz, Muschelpilz
Wissenschaftlicher Name: Pleurotus ostreatus (Jacq.: Fr.) P. Kumm.
Familie: Pleurotaceae (Seitlingsverwandte)
Heimat: fast weltweit
Standort: Schwächeparasit hauptsächlich an Laubhölzern, in Deutschland insbesondere Rotbuchen, seltener an Nadelholz
Inhaltsstoffe: B-Vitamine, Folsäure, Vitamine C und D (Calciferol), Pleuran, ein ß-Glukan, Pleuromulin, Lovastatin

Beschreibung

Austernpilze sind wahrscheinlich selbst den Pilzunkundigen so vertraut wie Champignons. In jeder besser sortierten Gemüseabteilung sind sie zu finden. In der Natur wachsen sie in dichten Büscheln aus dem Holz heraus, in dem das Myzel sich von verdautem Lignin ernährt. Das Holz hellt sich dadurch auf, man bezeichnet das als Weißfäule. Wie kleine Zungen mit gräulich-bräunlicher bis olivgrüner, glatter, glänzender Oberseite lecken die Austernpilzhüte seitlich aus dem Baumstamm heraus und werden mit zunehmender Größe muschelförmig. Der Pilzhut ist unterseits von dicken weißlichen Lamellen besetzt, die an einem bis vier Zentimeter langen, fein filzigen Stiel herablaufen und sich maschenartig verästeln. Bis zu 25 Zentimeter Durchmesser erreichen die Pilzhüte, deren Ränder zuerst eingerollt sind und im Alter lappig einreißen. Im reifen Zustand geben sie reichlich Sporenpulver ab. Das angenehm riechende Fleisch des Austernpilzes ist meistens weiß, selten bräunlich. In Mitteleuropa sind Austernpilze ausgesprochene Winterpilze. Sie bilden ihre Fruchtkörper erst bei Temperaturen unter 11 °C aus und vertragen gut Frostperioden. Die Sporen reifen auch noch bei Temperaturen knapp unter dem Gefrierpunkt.

Verwendung

Austernpilze sind begehrte Speisepilze, die einen kalbfleischähnlichen Geschmack besitzen. Neben Champignon und Shiitake gehören sie zu den weltweit wichtigsten Kulturpilzen. Wegen ihres hohen Gehaltes an B-Vitaminen, zellwachstumsfördernder Folsäure und Proteinen sind sie eine gute Bereicherung des Speiseplans und eine Alternative zu Fleisch.
Die Traditionelle Chinesische Medizin setzt Austernpilze vorbeugend gegen Osteoporose, bei Hexenschuss und zur Senkung des Cholesterinspiegels ein, außerdem zur Stärkung des Venensystems sowie bei Muskel- und Sehnenbeschwerden. Die lipidsenkende Wirkung lässt sich auf den Inhaltsstoff Lovastatin zurückführen. Pleuromulin wirkt antibiotisch. Das Polysaccharid Pleuran unterstützt die Funktion des Immunsystems. Möglicherweise hemmt es die Ausbreitung von Tumorzellen. Für eine Antitumortherapie reicht es aber nicht aus, die Pilze zu essen. Der Inhaltsstoff muss konzentriert eingenommen werden. Auf die Darmflora haben Austernpilzgerichte hingegen eine positive Wirkung.

Wissenswertes

Der wissenschaftliche Name *Pleurotus* setzt sich aus griechisch *pleurón* = Rippe und *ōtós* = Ohr zusammen und beschreibt die ohrförmigen Hüte mit dem seitlich angesetzten Stiel. Der Namenszusatz *ostreatus* leitet sich von lateinisch *ostrea* = Auster ab. Da die Pilzhüte seitlich aus dem Holz herauswachsen, heißt unser Pilz auch Austernseitling.
In Kultur gezüchtete Austernpilze können auf sehr unter-

schiedlichen Substraten wachsen, zum Beispiel auf Stroh, Papier, Sägemehl oder Kaffeesatz. Sie entsprechen nicht den in Mitteleuropa wild wachsenden Formen, sondern sind eine aus Florida stammende Kulturvarietät, die mit cv. Florida bezeichnet wird. Ihr Vorteil: Für die Fruchtbildung ist kein Kältereiz nötig. Erkennbar sind sie durch die hellere Hutoberfläche. Die Massenkultur in geschlossenen Räumen ist für die dort Arbeitenden nicht ganz ungefährlich. Die reichlich abgesonderten Sporen sind starke Allergene und können Gesundheitsprobleme verursachen.

Austernpilze sondern ein für Nematoden (Fadenwürmer) tödliches Toxin aus. Sie dringen mit ihren Hyphen in die gelähmten oder toten Fadenwürmer ein und verdauen sie als willkommene Ergänzung ihrer Stickstoffversorgung.

Die Enzyme des Austernpilzes, die das Lignin im Holz abbauen, sind in der Lage, auch andere komplexe Kohlenwasserstoffmoleküle zu zerlegen. Diese Fähigkeit macht man sich zunutze, um kontaminierte Böden zu reinigen, die zum Beispiel mit Altöl oder Teer belastet sind. Man mischt den Boden mit Stroh und Austernpilzmyzel. Der Pilz gibt seine Enzyme in die Umgebung ab, damit sie ihm dort seine Nahrung quasi vorverdauen. Ein bisschen vielleicht wie Einspeicheln. Der so quasi durchgekaute und von den Austernpilzen verwandelte Boden ist frei von den schädlichen Stoffen. Mykologische Bodensanierung nennt man das.

Zucht-Champignon

Synonyme: Angerling, Egerling, Zweisporiger Egerling
Wissenschaftlicher Name: Agaricus bisporus (J.E. Lange) Imbach
Familie: Agariaceae (Champignonverwandte)
Heimat: ursprünglich vermutlich Nordhalbkugel, heute Kosmopolit
Standort: Saprobiont auf mäßig gedüngten Böden, ursprünglich auf Wiesen, in Gärten und an Feldrainen
Inhaltsstoffe: Agaridoxin, B-Vitamine, Vitamin D, E und K, konjugierte Linolsäuren (CLA), Kalium, Eisen, Zink

Beschreibung

Ihn zu beschreiben ist kaum vonnöten, jeder kennt den Champignon. Es lohnt sich dennoch, die ursprüngliche, nicht weitergezüchtete Art genauer zu betrachten. Die anfangs rundlichen, weißen Hüte ihrer meistens im Frühjahr und Sommer wachsenden Fruchtkörper wölben sich mit zunehmendem Alter vom Rand her nach oben und flachen sich ab. Am glatten Hutrand hängen anfangs noch Reste des Velum partiale, der Hüllmembran, die die Lamellen des ganz jungen Pilzes abgedeckt hat. Blassrosa Lamellen zeugen von einem noch jungen Fruchtkörper, im Alter werden die Lamellen durch die gereiften Sporen schokoladenbraun bis schwarz. Die Hüte thronen auf bis zu acht Zentimeter langen Stielen, um den als Ring ebenfalls Reste des Velums zu sehen sind. Das weiße Fruchtfleisch verfärbt sich beim Zerschneiden leicht rosa, verblasst aber wieder.

Der wilde Champignon kommt nur noch selten im freien Gelände vor, unter anderem auch deshalb, weil flüchtige Kulturexemplare ihn verdrängen. Wer Champignons in Gärten, Parkanlagen, an Wegen und Straßen entdeckt, hat es selten mit dem Kultur-Champignon zu tun, sondern meistens mit dem ziemlich verbreiteten Stadt-Champignon (Agaricus bitorquis). Ihn könnte man sich ebenfalls schmecken lassen, wäre er nicht häufig mit Schadstoffen belastet.

Verwendung

Der Champignon gehört weltweit zu den am häufigsten kultivierten Speisepilzen. Die ursprüngliche Art wurde vielfach weitergezüchtet, sodass der Markt heute in Größe, Farbe und Geschmack variierende Pilze anbietet wie den Stein-, Riesen- und Höhlen-Champignon und den Portobello. Diese begehrten Speisepilze gehören zu den wenigen, die man bedenkenlos roh verzehren kann, dennoch ist Vorsicht geboten. Einige Inhaltsstoffe, zum Beispiel Abbauprodukte von Argaritin, stehen unter dem Verdacht, krebserregend zu sein. Erhitzen deaktiviert diese Stoffe. Andere Inhaltsstoffe des Champignons wiederum hemmen die Bildung von Aromatase, einem Enzym, das im gesunden Menschen an der Synthese der Östrogene beteiligt ist, jedoch auch das Wachstum von Brustkrebs fördert. Champignons sollen zudem die Immunabwehr und den Leberstoffwechsel stärken sowie den Blutdruck senken.

Wissenswertes

Dass der Champignon wissenschaftlich *Agaricus* heißt, beruht auf einer Verwechslung. Der Name leitet sich ab von lateinisch *agaricon* = ein an Lärchen vorkommender Pilz. Damit war der Lärchenschwamm (Laricifomes officinalis, S. 73) gemeint, der auch unter der Bezeichnung *Agaricum officinale* geführt wird. Griechisch *agarikón* wiederum bezieht sich auf den medizinkundigen Stamm der Agaroi, der am Asowschen Meer gelebt haben soll, einem Seitenbecken des Schwarzen Meeres, das heute zur Ukraine gehört. Der Champignon hat keinerlei Ähnlichkeit mit einem zu den Porlingen gehörenden Lärchenschwamm. Jedenfalls nicht alle Champignonverwandten. Zu ihnen gehören allerdings mehr als 60 Arten, darunter der Braunschuppige Riesen-Egerling (Agaricus augustus), mit bis zu 30 Zentimeter breiten Hüten ein wahrer Riese. Seine strohgelbe bis gelbbraune Oberseite mit konzentrisch angeordneten Schuppen soll an den Lärchenschwamm erinnern. So wirklich nachvollziehen lässt sich das allerdings nicht. Der wissenschaftliche Namenszusatz *bisporus* = zweisporig beschreibt die Anzahl der Sporen, die in den Basidien, den flaschenförmigen Zellen im sporenbildenden Gewebe, wachsen. Das deutsche Synonym Egerling ist von Egart entlehnt. Damit bezeichnete man Grasland, das in manchen Jahren als Acker benutzt wurde. Egerling heißt also Wiesenpilz, genauso wie das Wort Champignon, das sich vom französischen *champ* = Feld, Acker ableitet.

Darüber, wer als Erstes den Champignon in Kultur genommen hat, herrscht Uneinigkeit. Die einen sagen, es sei der Franzose Olivier de Serres (1539-1619) gewesen. Er war Diakon an der protestantischen Kirche von Berg im Vivarais. Aus seiner Begeisterung für die Landwirtschaft heraus bewirtschaftete er nicht nur sehr erfolgreich ein Landgut, sondern veröffentlichte zudem 1600 sein Buch *Théâtre d'Agriculture et mesnage des champs*, eine zukunftsweisende Anleitung für die Landwirtschaft, in der er unter anderem den Fruchtwechsel und den Anbau neuer Arten propagierte. Mit seinem Buch verband er seine beiden Leidenschaften: Er rühmte darin die Bodenbewirtschaftung als Tun zum Ruhme Gottes. Dieser bemerkenswerte Mann fiel dem französischen König Henri IV. (1553-1610) so positiv auf, dass er ihn nach Paris holte, wo er in den Gärten der Tuilerien wirkte und unter anderem mit der Pflanzung von 20 000 Maulbeerbäumen die Basis für die Seidenraupenzucht in Frankreich schaffte. Angeblich geht die Geschichte so weiter: Gärtnern um Paris sei aufgefallen, dass in den Beeten, die sie für die Melonenkultur mit Pferdemist angereichert hatten, gerne Champignons wuchsen. Ob nun Olivier de Serres oder jemand anderes sich diese Beobachtung zunutze machte, um die Pilze gezielt anzubauen, weiß man nicht. Gesichert ist hingegen, dass der adlige Franzose Nicolas de Bonnefons, Landgutbesitzer, Samenhändler und Kammerdiener des jungen Ludwig XIV. (1638-1715), in seinem 1651 erschienenen Buch *Le jardinier françois* Champignon-Kulturen beschrieb, die sein König denn auch anlegen ließ. Das vielbeachtete Buch enthielt Kapitel über Gartenbautechniken und das Konservieren der Ernte. 1654 brachte Bonnefons *Les Délices de la Campagne* heraus, er beschrieb dort die Verarbeitung aller Erträge eines Landgutes, vom Schlachten über das Mahlen von Getreide bis hin zu Kochrezepten. Manche sehen in ihm den Begründer einer neuen Esskultur, bei der es um den Erhalt des Eigengeschmacks der Zutaten geht. Wer auch immer die Champignons in Frankreich etabliert hat – in jedem Fall begann der Siegeszug dieses Edelpilzes um die Welt in den Pariser Gärten, weshalb er unter dem Namen Champignon de Jardin und später Champignon de Paris bekannt wurde.

Edelreizker

Synonyme: Echter Reizker
Wissenschaftlicher Name: Lactarius deliciosus (L.: Fr.) Gray 1821
Familie: Russulaceae (Täublingsverwandte)
Heimat: gemäßigte Klimazonen der nördlichen Halbkugel
Standort: Mykorrhizapilz, meistens mit Kiefern zusammenlebend
Inhaltsstoffe: Lactaroviolin, Polyphenole, Polysaccharide

Beschreibung

Hübsch anzusehen ist der von August bis Oktober unter Kiefern erscheinende Edelreizker, der zu den Milchlingen (Lactarius) gehört. Junge Hüte erinnern von der Form her an Champignons. Ausgewachsen sind sie bis zu zehn Zentimeter breit und sehen aus, als reckten sie sich gen Himmel. Die Ränder sind nach oben gezogen, sodass der orangefarbene, mit rotgelben Flecken gezeichnete Hut wie ein Trichter wirkt. Die am Stiel angewachsenen und leicht herablaufenden Lamellen sind gut sichtbar. Sie stehen dicht an dicht, leuchten blassorange bis orangeocker und entwickeln im Alter grüne Flecken, die sich auch auf der bei feuchter Witterung schmierigen Hutoberseite zeigen. Der bis zu sieben Zentimeter lange, ebenfalls blass orangefarbene und bereifte Stiel trägt markante orangefarbene Gruben, ein wichtiges Erkennungszeichen für den Edelreizker. Ebenso wie seine karottenrote, langsam verblassende Milch, die bei Verletzung austritt und sich an der Luft graugrün verfärbt. Diese Milch lagert im Fruchtkörper in sogenannten Laticiferen, speziellen milchsaftführenden Hyphen. Daneben gehören Sphaerozysten zu den Bauelementen des Fruchtfleisches, kugelige, nestförmig angeordnete Zellen, die das Fleisch spröde wie

ein Stück Apfel brechen und die Lamellen splittern lassen. Der Pilz duftet angenehm fruchtig und schmeckt mild. Dass sich der Edelreizker nur schwer von anderen Reizkern unterscheiden lässt, soll die Sammelfreude nicht trüben. Alle mit roter Milch sind essbar.

Verwendung

Der Edelreizker gehört zu den begehrten Speisepilzen. Kräftig angebraten, entwickelt er seinen angenehmen, leicht süßlichen Geschmack. Kein Grund zur Besorgnis ist nach dem Verzehr ein rot gefärbter Urin. Nicht Blut, sondern Farbstoffe des Pilzes kommen hier zutage.
Aufgrund antibakterieller und antimykotischer Eigenschaften ist der Edelreizker entzündungshemmend. Man vermutet zudem eine cholesterinspiegelsenkende Wirkung. Ein aus ihm isoliertes Polysaccharid stimuliert das Immunsystem und hemmt dadurch das Wachstum von Krebszellen.

Wissenswertes

Der Begriff Reizker entstand aus dem Slawischen *ryžik* = Rötling. »Der ergötzliche Milchende« von lateinisch *lactis* = Milch und *deliciae* = Ergötzen heißt der wissenschaftliche Name des Edelreizkers übersetzt. Das Wort *deliciosus* ist dabei nicht zu verwechseln mit delikat, das sich von lateinisch *delicatus* = fein, zart ableitet. Lateinisch *deliciosus* bedeutet weichlich, verwöhnt. Warum diese Eigenschaften ergötzlich sind, das mag jeder für sich ergründen.
Den Reizker kannten vermutlich bereits die Römer. Aus dem neben Pompeji gelegenen und ebenfalls etwa 70 n. Chr. beim Vulkanausbruch verschütteten Herculaneum stammt eine Fliese, auf der mehrere Edelreizker zu sehen sind.

Da Mykorrhizapilze aufgrund gestörter Ökosysteme immer seltener natürlich vorkommen, versucht man sich in der Edelreizker-Kultur. Ähnlich wie beim Perigord-Trüffel (S. 133) werden die Wurzeln junger Kiefern vor dem Einpflanzen mit dem Myzel angeimpft. Eigentlich ein schöner Gedanke, dass immer mehr Wälder aufgeforstet werden, um den steigenden Pilzkonsum der Menschen decken zu können. In China ist mittlerweile eine Kultivierungsmethode als Patent angemeldet. Die Chinesen experimentieren zudem mit weniger romantischen Methoden der Pilzvermehrung. In großen Fermentierungsanlagen züchten sie Edelreizker-Myzel und stellen damit ein fermentiertes Pilzgetränk her.

Eichhase

Synonyme: Ästiger Porling, Chorei (japanisch), Zhu Ling (chinesisch)
Wissenschaftlicher Name: Polyporus umbellatus (Pers.: Fr.) Fr.
Familie: Polyporaceae (Stielporlingsverwandte)
Heimat: auf der nördlichen Halbkugel in gemäßigten Klimaten
Standort: Schwächeparasit und Saprobiont auf Eichen, Rotbuchen und selten anderen Laubbäumen
Inhaltsstoffe: Ergon, Alfa-Hydroxytetracosansäure, Biotin, Polysaccharide, Polyporusterone, Acetosyringon, 3,4-Dihydroxybenzaldehyd

Beschreibung

»Ein Ungeheuer von abgetheilten, unzähligen, aneinander wachsenden Schwämmen«, so beschrieb der österreichische Sprach- und Naturforscher Johann Siegmund Popowitsch (1705-1774) den Eichhasen. 50 Zentimeter hohe und 30 Zentimeter breite Büschel ergeben zwar noch kein Ungeheuer, sind aber in der Tat beachtlich. Damals bezeichnete man als Schwämme Pilze allgemein. Die aneinanderwachsenden Schwämme sind also die Fruchtkörper, von denen mehrere Hundert in einem Verbund von Juli bis Oktober am Fuß alter Eichen und Rotbuchen stehen. Der einzelne, gelb- bis graubräunliche, rundliche Hut des Eichhasen ist mit bis zu vier Zentimetern Durchmesser eher klein. Seine Mitte ist leicht eingedrückt, der dünne Rand oft eingerissen. Die weit am Stiel herablaufende Porenschicht auf der Hutunterseite als auch die Stiele leuchten weißlich-cremefarben. Das junge, saftige Fruchtfleisch verströmt einen angenehmen, mehlartigen Duft und schmeckt süßlich-nussig. Im Alter wird es zäh und bitter. Die Fruchtkörper wachsen aus einem Sklerotium heraus, einer Überdauerungsform, die sich dicht unter

der Oberfläche um dünne Baumwurzeln herum entwickelt hat. Mit diesem knolligen Gebilde aus fest miteinander verflochtenen Hyphen, das von einer schützenden schwarzen Rinde umgeben ist, kann der Eichhase Kälte- und Trockenperioden überstehen. Sein Myzel ernährt sich von Holz und erzeugt Weißfäule.

Verwendung

Jung ergibt der Eichhase ein wohlschmeckendes Pilzgericht. Nach der Ernte sollte man ihn sofort zubereiten, da die Hüte schnell verderben und dann faulig riechen.

Unter dem Namen Zhu Ling findet der Eichhase in der Traditionellen Chinesischen Medizin Anwendung. Ihm wird zugeschrieben, die Struktur der Haut, des Muskelgewebes und der Schweißdrüsenporen zu öffnen und zu lockern. Therapeutisch setzt man ihn bei Beriberi-Krankheit (Vitamin-B_1-Mangel), Weißfluss und durch Tripper verursachte Schwellungen ein. Das harntreibend wirkende Sklerotium entwässert, entlastet dadurch Herz- und Gefäßsysteme, hilft bei Ödemen und erleichtert das Wasserlassen während der Schwangerschaft. Bestimmte Inhaltsstoffe sollen das Haarwachstum fördern. Wissenschaftliche Untersuchungen bestätigen die harntreibende Wirkung des Eichhasen ohne Verlust des wichtigen Kaliums und beschreiben immunstimulierende und krebshemmende Eigenschaften. Pilzzubereitungen unterstützen den Effekt einer Chemotherapie und verbessern das Allgemeinbefinden von Krebspatienten, insbesondere den Appetit und die psychische Konstitution. Aus den Fruchtkörpern isolierte Polysaccharide hemmen Bakterienwachstum, unterstützen in Laborversuchen die Leberfunktion und schützen vor Strahlung.

Wissenswertes

Der Gattungsname *Polyporus* von griechisch *polýporos* = mit vielen Poren, bezieht sich auf die zahlreichen Poren auf der Hutunterseite, während *umbellatus* von lateinisch *umbella* = Sonnenschirm beziehungsweise *umbra* = Schatten die Form der Eichhasenhüte beschreibt. Was der Eichhase mit Hasen zu tun hat? Aus der Ferne betrachtet könnte man ihn für einen am Boden kauernden Hasen halten, der am Fuße einer Eiche mümmelt.

Das *Shen Nong Ben Cao Jin*, das Kompendium der Arzneimittel des frommen Bauers, erwähnte den Eichhasen bereits vor etwa 2000 Jahren als wichtigen Heilpilz. Als Autor dieses chinesischen Buchs über Ackerbau und Heilpflanzen vermuten manche den chinesischen, als Gott verehrten Shennong, der vor etwa 5000 Jahren gelebt haben soll. Shennong heißt übersetzt Göttlicher Bauer. Er soll die Menschen gelehrt haben, Ackerbau zu betreiben, und die Pflanzen medizinisch beschrieben haben. Als einer der drei Erhabenen (San Huang) galt er innerhalb der chinesischen Mythologie als Begründer der Kultur. Weniger verklärt betrachtet stammt das *Shen Nong Ben Cao Jin* aber wohl eher aus der Zeit um 300 v. Chr. bis 200 n. Chr. Das verschollene Original soll in drei Bänden 365 Arzneimittel der chinesischen Medizin beschrieben haben. Der chinesische Arzt Li Shizen übernahm in sein 1578 erschienenes Werk *Bencao Gangmu*, übersetzt *Das Buch der heilenden Kräuter*, 347 dieser Beschreibungen.

Faltentintling

Synonyme: Grauer Faltentintling, Knotentintling
Wissenschaftlicher Name: Coprinus atramentarius (Bull.) Fr.
Familie: Coprinaceae (Tintlingsverwandte)
Heimat: Europa
Standort: Saprobiont, in Parks, Laubwäldern, entlang von Wegen, auf Mist
Inhaltsstoffe: Coprin

Beschreibung

Ein zerbrechlicher Geselle ist der Fruchtkörper des Faltentintlings, der von April bis November wächst. Sein aschgrauer bis graubräunlich gefärbter, mit Längsfurchen versehener Hut fühlt sich weich und verletzlich an und reißt oft im Alter entlang der Randfalten ein. Noch jung, ist er eiförmig und entwickelt sich zu einem kegelförmigen bis glockigen Hut mit drei bis sechs Zentimetern Durchmesser und einer Höhe von drei bis zehn Zentimetern. Unterseits stehen dicht gedrängt die weißlichen bis blassgrauen, später trüb rosafarbenen Lamellen. Der Hut steht auf einem weißen, zylindrischen, an der Basis knotenförmigen Stiel, der sich nach oben verjüngt und sechs bis 15 Zentimeter lang werden kann. An seiner Basis sieht man dunkel die ringartigen Reste der Hülle (Velum universale), die den ganz jungen Pilz komplett umgeben hat. Manchmal kleben Reste dieser Hülle als lose Schüppchen auf dem Hut. Alte Stiele sind hohl und zerbrechlich. Das weiße, weiche Fleisch des Fruchtkörpers riecht nur schwach und hat einen angenehmen Geschmack. Im Alter wölben sich die Ränder des Hutes nach oben, er sieht dann ganz abgeflacht aus und verfärbt sich schwarz. Schließ-

lich zerfließt er zu einer breiigen Masse, daher rührt sein Name Tintling. Mit dieser Masse verbreiten sich die reifen Sporen. Manche Insekten fressen sie. Da die Sporen das Insekt unverdaut durchlaufen, säen diese auf ihrem Weg mit ihren Ausscheidungen neue Faltentintlinge aus.

Verwendung

Junge Faltentintlinge sind essbar. Allerdings ist bei der Wahl des begleitenden Getränkes Vorsicht geboten. Wegen seines Inhaltsstoffes Coprin verursacht der Pilz zusammen mit Alkohol höchst unangenehme Symptome, die möglicherweise mehrere Tage anhalten können. Zum sogenannten Coprinus-Syndrom gehören Kopfschmerzen, Schweißausbrüche, Herzklopfen, metallischer Geschmack im Mund, großer Durst, Sprach- und Sehstörungen und lila Verfärbungen der Körperhaut. Das Gesicht wird rot, wobei Nasenspitze und Ohrläppchen weiß bleiben. Die Giftwirkung geht von einem Spaltprodukt des Coprins aus, das beim Erhitzen oder durch Säureeinwirkung entsteht: 1-Aminocyclopropanol hemmt das Enzym Acetaldehyddehydrogenase, das eine wichtige Funktion bei der Verstoffwechselung von Alkohol hat. Ist es deaktiviert, reichert sich im Organismus Acetaldehyd als Zwischenprodukt an. Und das wiederum schädigt Zellen und Membrane, weil es Proteine angreift. Da Coprin beziehungsweise 1-Aminocyclopropanol bis zu vier Tage im Körper bleibt, verursacht jeder Alkoholkonsum in dieser Zeit erneut diese Symptome. Man bezeichnet den Faltentintling deshalb auch als Anti-Alkoholiker-Pilz. Medikamente mit demselben Wirkmechanismus werden zur Therapie der Alkoholkrankheit eingesetzt.

Wissenswertes

Der Gattungsname *Coprinus* leitet sich vom griechischen *kópros* = Mist, Dung ab und bedeutet auf dem Mist wachsend. Der Artnamenzusatz *atramentarius* geht auf das lateinische *atramentum* = Schwärze, Tinte zurück.

Die breiige schwarze Masse, zu der die reifen Fruchtkörper zerfließen, lässt sich zu Tinte verarbeiten. Der französische Arzt und Botaniker Jean Baptiste Françoise Pierre Bulliard (1742-1793) lobte diese Tinte in seinem 1780 bis 1798 erschienenen handkolorierten Tafelwerk über Pilze als sehr gut geeignet für Tuschezeichnungen. Als der französische Pharmazeut und Mykologe Jean-Louis Émile Boudier (1828-1920) die Tinte samt Herstellungsanleitung auf einer Konferenz der Botanischen Gesellschaft Frankreichs vorstellte, war der Präsident der Gesellschaft voll des Lobes. Sie habe ein sehr schönes Schwarz, und man könne sie mit bloßem Auge von einer gewöhnlichen schwarzen Tinte nicht unterscheiden. Dennoch geriet sie weitgehend in Vergessenheit. Dabei ist ihre Herstellung recht simpel. Man sammle einige Tintlinge und lasse sie in einem Glas so lange stehen, bis sich die Hüte komplett verflüssigt haben. Diese schwarze Flüssigkeit wird mit Gummi arabicum aufgekocht und dadurch verdickt. Der Zusatz von Gewürznelken oder Nelkenöl überdeckt den unangenehmen Geruch der Tinte und konserviert.

Fliegenpilz

! GIFTIG !

Synonyme: Fliegenteufel, Krötenstuhl, Narrenschwamm, Rabenbrot
Wissenschaftlicher Name: Amanita muscaria (L.: Fr.) Lamarck 1783
Familie: Amanitaceae (Wulstlingsverwandte)
Heimat: nördliche gemäßigte Klimazone
Standort: Nadel- und Laubwälder, besonders in der Nähe von Birken, mit denen er in Mykorrhiza-Symbiose lebt
Inhaltsstoffe: Ibotensäure und ihre Zerfallsprodukte: Muscimol, Muscazon, Muscarin, (R)-4-Hydroxy-2-pyrrolidon

Beschreibung

Besonders am Fuß von Birken, seinen Wirtsbäumen, entwickelt der Fliegenpilz von Juli bis Oktober seine unverkennbaren Fruchtkörper. Bis zu 18 Zentimeter Durchmesser können die roten, mit den typischen weißen Tupfen übersäten Hüte groß werden. Diese Tupfen lassen sich abwischen und sind die Reste der dünnen Membran, dem Velum universale, das den noch ganz jungen Fliegenpilz komplett eingehüllt hat. Die weißen, weichen Lamellen entlassen ein weißes Sporenpulver. Beim jungen Pilz sind sie von einer dünnen Membran, dem Velum partiale bedeckt, das sich im weiteren Wachstum ablöst und wie ein Tüchlein oder ringartig am Stiel herabhängt. Der bis zu 20 Zentimeter lange, weiße, im Alter hohle Stiel, der am Grund knollig verdickt ist, steckt nicht, wie beim verwandten Grünen Knollenblätterpilz (S. 47) in einer manschettenartigen Volva. Das Fleisch des Fruchtkörpers ist weiß, direkt unter der Huthaut safrangelb.

Verwendung

Fliegenpilze sind giftig. Sie enthalten insbesondere im gelben Fleisch unter der Huthaut Ibotensäure. Diese nicht proteinogene Aminosäure, die also nicht zu den Baustoffen von Proteinen gehört, zerfällt relativ rasch, unter anderem zu Muscimol, dem eigentlichen Wirkstoff. Die Vergiftungserscheinungen nach Genuss von Fliegenpilz ähneln denen durch Pantherpilze (Amanita pantherina) und werden unter der Bezeichnung Pantherina-Syndrom beschrieben. Etwa eine halbe bis drei Stunden nach dem Verzehr kommt es zu Verwirrung, Sprachstörungen, starker Unruhe und dennoch Mattigkeit, motorischen Störungen und erweiterten Pupillen. Magenkrämpfe mit Erbrechen sind möglich. Die Stimmungslage kann zwischen Glücksrausch und Angstzuständen schwanken. Die Berauschten können ihr Raum- und Zeitgefühl verlieren, ein Gefühl des Schwebens entwickeln oder halluzinieren. Nach 10 bis 15 Stunden sind die Symptome meist ohne weitere Folgen verschwunden. Das Pantherina-Syndrom sei eigentlich wie eine starke Alkoholvergiftung, heißt es, nur ohne die Nachwirkung des Katers. Muscimol setzt im Zentralen Nervensystem am Rezeptor der Gamma-Aminobuttersäure an. Es führt dort zu einer erhöhten Konzentration von Serotonin, einem Neurotransmitter, der gerne als Glückshormon bezeichnet wird, weil er eine stimmungsaufhellende bis euphorisierende, in höheren Konzentrationen aber auch halluzinogene Wirkung besitzt.

Todesfälle durch Fliegenpilze sind nicht bekannt, was wohl damit zusammenhängt, dass man ein Kilogramm, etwa zehn frische Fliegenpilze auf einmal essen müsste, um die tödliche Dosis Muscimol aufzunehmen. Diese Zahl ist allerdings mit Vorsicht zu genießen, weil nicht wissenschaftlich

gesichert. Das hat die Menschheit aber nie daran gehindert, mit dem Fliegenpilz in andere Dimensionen zu reisen. Und das weltweit (siehe unten).
Fliegenpilz lässt sich dennoch essen. Es ist lediglich eine Frage der Zubereitung. In Sibirien kocht man ihn eine halbe Stunde ab und gießt das Kochwasser weg, und damit das wasserlösliche Muscimol. Danach scharf angebraten, soll er sehr schmackhaft sein. Es findet sich allerdings die Aussage, dass der Fliegenpilz je nach Standort unterschiedlich verträglich sei.
In der Medizin hat der Fliegenpilz ebenfalls seinen Platz. Die Homöopathie verwendet ihn bei Kopfweh, Blasen- und Darmbeschwerden, Störungen der Durchblutung, allgemeiner Nervosität, Erkältungs- und Verbrennungsleiden sowie Erkrankungen des zentralen Nervensystems.

Wissenswertes

Der wissenschaftliche Name *Amanita* leitet sich vermutlich von *Amanos* ab, dem Küstengebirge am Golf von Iskenderum an der Grenze zwischen Syrien und der Türkei. Möglicherweise stammen manche Amanita-Arten von dort. Der Namenszusatz *muscaria* geht auf lateinisch *musca* = Fliege zurück. Früher verwendete man gezuckertes, mit Milch übergossenes Fliegenpilzfleisch als Köder für Fliegen. In der Tat ist es so, dass Stubenfliegen (Musca domestica) auch ohne Zucker und Milch auf Fliegenpilze fliegen und an ihrem Hut saugen, um danach in einen todähnlichen Rauschzustand zu verfallen. Jedenfalls liegen sie für 30 bis 50 Stunden regungslos auf dem Rücken, mit den Beinen nach oben, bevor sie sich wieder erholen und wegfliegen. Kröten mögen Fliegen. Und haben leichtes Spiel mit diesen berauschten

Fliegen, weshalb sie sich möglicherweise gerne bei Fliegenpilzen aufhalten. So jedenfalls ließe sich erklären, warum der Fliegenpilz im Volksmund auch Krötenstuhl heißt.
Das Volk der Maya verehrte Pilze anscheinend insgesamt kultisch. Man fand sogenannte Pilzsteine, aus hartem Stein gefertigte Skulpturen, die einen Pilz zeigen, oftmals mit eingearbeitetem Tier oder Gesicht im Stiel. Man kann teilweise Fliegenpilze in diesen Skulpturen erkennen. Übrigens bezeichneten die Maya diese als Donnerpilze. Ausdruck des weltweiten Mythos, Pilze seien durch Blitz und Donner entstanden.
In der japanischen Mythologie war es der Tengu, der Fliegenpilzgeist, der den Schamanen bei ihren Reisen half. Und in der germanischen Mythologie ritt Wotan in den Raunächten, der Zeit zwischen Weihnachten und Heilige Drei Könige, mit seinem achtbeinigen Pferd Sleipnir über die Lande. Wo auch immer Sleipnirs weißroter Schaum aus den Nüstern auf die Erde tropfte, wuchsen neun Monate später Fliegenpilze. Fliegenpilze gehörten in die Mischung für die Raunächte-Räucherung, ein Opfer und eine Ehrung der Ahnen und Wesen aus anderen Welten.
Schamanen sibirischer Völker wie der Wogulen, Ostjaken und Kamtschadalen versetzten sich ebenfalls mit dem Fliegenpilz in Ekstase. Für einige von ihnen war er das materialisierte göttliche Fleisch, das ihnen half, mit der spirituellen Welt zu verschmelzen und Informationen von dort mitzubringen, zum Beispiel Weissagungen. Der Fliegenpilz beginne dort zu wachsen, wo der oberste Himmelsgott auf die Erde gespien habe. Von sibirischen Schamanen weiß man, dass sie ihren Urin nach Fliegenpilzgenuss zum Trinken weitergaben. Dieser Urin berauscht auch, da Muscimol zum größ-

ten Teil unbeschadet mit ihm ausgeschieden wird. Der Vorteil: Die Rauschwirkung tritt ohne Erbrechen ein.
Auch in der christlichen Mythologie begegnen wir dem Fliegenpilz. Ein Fresko in der Plaincourault-Abtei in Indre, Frankreich, aus dem 13. Jahrhundert zeigt Adam und Eva links und rechts neben einem Baum der Erkenntnis stehend, der aus Fliegenpilzen zusammengesetzt ist.
Der US-Amerikaner R. Gordon Wasson (1898-1986), Begründer der Ethnomykologie, stellte in seinem Buch »Soma – Divine of Immortality« (1969) die Hypothese auf, auch das altindische Getränk Soma sei aus Fliegenpilzen hergestellt worden. Im Rigveda, dem ältesten Teil der vier Veden, ist Soma als strömendes, stärkendes Getränk beschrieben. Mittlerweile widerspricht man Wassons These jedoch und sieht eher in einer Ephedra-Pflanze (Meerträubel) die Quelle des Somas. Aber dies hier nur am Rande.
Spekulativ bleibt auch, ob es der Fliegenpilz ist, von dem Alice im Wunderland gekostet hat. Die auf dem Hut thronende blaue Raupe rät ihr, von der einen oder anderen Seite abzubeißen, um erheblich zu schrumpfen oder zu wachsen. Ein auf alle Fälle psychoaktiver Pilz.
Mag sein, dass so manchem der psychotrope Einsatz des Fliegenpilzes ein Dorn im Auge war. Jedenfalls wurde er in unserer Kultur immer mehr als gefährlicher Giftpilz schlechthin gebrandmarkt – ein Glaube, der sich bis heute hält. Dennoch bleibt er als Glücksbringer und -symbol bei den Menschen gern gesehen.

Glänzender Lackporling

Synonyme: Ling Zhi (chinesische Bezeichnung), Reishi (japanische Bezeichnung)
Wissenschaftlicher Name: Ganoderma lucidum (Curtis) P. Karst.
Familie: Ganodermataceae (Lackporlingsverwandte)
Heimat: weltweit verbreitet
Standort: holzbewohnender Saprobiont oder Schwächeparasit, vor allem auf Laubholz, insbesondere Eichen
Inhaltsstoffe: Triterpene, Glucane, Heteropolysaccharide, Polysaccharid-Protein-Komplexe, z. B. Ganoderan

Beschreibung

Die einjährigen Fruchtkörper des seltenen Glänzenden Lackporlings sind nieren- bis halbkreisförmig und werden bis zu 20 Zentimeter breit. Ihren Namen verdanken sie der wie lackiert aussehenden Hut- und Stieloberfläche. Die mit konzentrischen Kreisen gezeichnete Hutoberseite leuchtet gelborange bis rotbraun, im Alter schwarzbraun, mit einem weißen Wachstumsrand. Auf der Unterseite sind mit den weißlichen bis cremefarbenen, später ockerfarbenen Poren die Ausgänge der Röhren zu sehen, in denen die Sporen reifen. Der Pilz wächst mit einem rotbraunen bis schwarzen Stiel, der bis zu 25 Zentimeter lang werden kann und wie ein lackierter Finger aussieht, aus dem Holz heraus. Erst wenn er eine bestimmte Länge erreicht hat, verbreitert er sich zum Hut. Das zähe Fruchtfleisch ist weißlich und wird bräunlich.

Verwendung

Die Traditionelle Chinesische Medizin schätzt den Glänzenden Lackporling bereits seit mehr als 4000 Jahren als wichtigen Heilpilz. Sie empfiehlt ihn als wirksames Stärkungsmittel, insbesondere für Krebspatienten, bei neurologischen Beschwerden und Schlaflosigkeit. Überliefert sind weit mehr Gebrechen, die man meinte mit ihm heilen zu können. Chronische Gelbsucht, Leber-, Nieren- und Magenerkrankungen und Bluthochdruck gehörten genauso dazu wie Gelenkentzündungen, Schlaflosigkeit, Bronchitis und Asthma. Der Pilz sollte das Gedächtnis, Hör- und Sehvermögen verbessern und damit die Intelligenz steigern. Und das Leben verlängern.

Wissenschaftlich belegen lassen sich tatsächlich eine ganze Reihe von Wirkungen des Glänzenden Lackporlings. Er schützt die Leber, ist blutdruck- und blutzuckersenkend, verbessert die Herztätigkeit, hilft bei Nervenschwäche, ist antiviral und unterstützt das Immunsystem, wodurch er indirekt Krebs bekämpft. Als Zusatz in Kosmetik verbessert er den Hautzustand, womöglich indem er zellschädigende freie Sauerstoffradikale deaktiviert.

Zum Einsatz kommen heute Extrakte von aus Kultur stammenden Lackporlingen, die in mannigfaltigen Formen auf dem asiatischen Markt zu finden sind: als Gesundheitsgetränk, Sirup, Tee, Kapseln, Haarwasser, Badezusatz usw. In Europa hat man sich vom Ruhm des Lackporlings anstecken lassen und verwendet ihn als Nahrungsmittelergänzung oder als Betandteil von Kosmetika.

Wissenswertes

Der Name *Ganoderma* setzt sich aus griechisch *gános* = Glanz und *dérma* = Haut zusammen. Lateinisch *lucidus* heißt leuchtend.

Der Glänzende Lackporling war Bestandteil eines Elixiers für die Unsterblichkeit, das in einem Teil Chinas im 3. Jahrhundert v. Chr. entwickelt wurde. Kaiser Shih Huang Ti (259-210 v. Chr.), der Erbauer der Großen Mauer, hörte davon und brannte so sehr darauf, dieses Elixier zu besitzen, dass er Hsu Fu, einen Taopriester, mit einer Flotte und 3000 Mann Besatzung auf den Inseln der östlichen Meere danach suchen ließ. Man weiß es nicht genau, aber wahrscheinlich kehrte Hsu Fu nie zurück, oder er kam mit leeren Händen bei seinem Kaiser an. Jedenfalls ließ mehr als hundert Jahre später Kaiser Wu (156-87 v. Chr.) wieder nach dem Elixier und nach den Inseln der Unsterblichen suchen. Ebenfalls vorerst ohne Erfolg. Doch durfte er noch erleben, wie 109 v. Chr. erstmals Zeichnungen vom Glänzenden Lackporling, der Pflanze der Unsterblichen, am kaiserlichen Hofe auftauchten. Unsterblichkeit war in den Augen des Kaisers Cheng Sung anscheinend etwas dermaßen Begehrenswertes, dass er im Jahr 1004 anordnen ließ, ihm alle gefundenen Lackporlinge, die man finden konnte, zu bringen. An die 10 000 Pilze sollen innerhalb von drei Jahren bei ihm abgeliefert worden sein. Zum Glück schaffte er es nicht, den Pilz durch diese Aktion auszurotten. Im Jahr 1578 bekam der Glänzende Lackporling dann in Chinas berühmtestem Buch über Naturgeschichte seinen Platz. Das *Pen Tsao Kang Mu* berichtet, dass er, bei regelmäßigem Verzehr, das Gewicht reduziert und die Lebenserwartung erhöht.

Es bleibt nicht aus, dass uns ein solch verehrter Pilz in Märchen und Mythen begegnet. So hängte man sich den Glänzenden Lackporling als Talisman ins Haus, um Unglück abzuwehren. Ein Märchen erzählt von der weißen Schlange, die es nach tausendjähriger Meditation geschafft hat, sich in eine junge Frau zu verwandeln. In ihrer neuen Gestalt verlieben sie und der junge Mann Xu Xian sich und heiraten. Ein Priester jedoch schöpft Verdacht, dass sie eine Hexe sein könne, und gibt Xu Xian den Rat, seine Frau einen Schnaps trinken zu lassen, dann müsse sie ihre wahre Identität preisgeben. Xu Xian befolgt diesen Vorschlag und erschrickt zu Tode, als sich seine Frau in eine weiße Schlange verwandelt. Er wird sterbenskrank und scheint nicht mehr zu retten. Seine Frau, die ihren Mann wirklich liebt, eilt in das Kunlun-Gebirge am Nordrand von Tibet, um dort das magische Heilkraut Schimmerndes Ganoderma zu holen, die einzige Medizin, die ihren Mann retten kann. Das Kunlun-Gebirge ist der Ort, an dem die Unsterblichen leben und man Unsterblichkeit erlangt. Seine Wächter weigern sich, der weißen Schlange das Gewollte zu geben. Doch sie kämpft so hart darum, dass die Wächter von ihrer großen Liebe beeindruckt sind und ihr den lebensspendenden Pilz schenken. Sie kann Xu Xian damit retten, der erkennt, wie sehr ihn die weiße Schlange liebt.

Grüner Knollenblätterpilz

! TÖDLICH GIFTIG !
Synonyme: Grüner Giftwulstling
Wissenschaftlicher Name: Amanita phalloides (Vaill. ex Fr.) Link
Familie: Amanitaceae (Wulstlingsverwandte)
Heimat: weltweit
Standort: Mykorrhizapilz, insbesondere in Symbiose mit Eichen, seltener Rotbuchen, aber auch anderen Laubbäumen wie Birken und Esskastanien sowie Haselnuss
Inhaltsstoffe: Amatoxine (Amanitine), Phallotoxine (Phalloidin), Anatamanid

Beschreibung

Von Juli bis Oktober entwickelt der Grüne Knollenblätterpilz seine tödlich giftigen Fruchtkörper. Der junge, sich aus der Erde schiebende Hut ist halbkugelig und von einer weißen Hülle komplett umgeben, dem sogenannten Velum universale, das während des Wachstums zerreißt. Am Stielgrund bleiben die Reste des Velum universale sichtbar. Sie sehen aus wie eine Manschette und heißen im Fachjargon Volva. Der glattrandige Hut wölbt sich im weiteren Wachstum und breitet sich schließlich zum abgeflachten Hut aus. Seine Farbe ist variabel, changiert zwischen dunkeloliv, olivgrün, gelbgrün und weißlich. Die gedrängt stehenden Lamellen sind anfangs weiß, später grünlich überhaucht und haben keine direkte Verbindung zum bis zu zwei Zentimeter dicken, weißlichen Stiel. Beim jungen Pilz sind sie ebenfalls von einer Hülle bedeckt, dem Velum partiale. Mit der Sporenreife platzt das Velum partiale auf und hängt ringförmig am 6 bis 15 Zentimeter langen Stiel herab, der an der Basis knollig verdickt ist. Ihn überzieht oft ein seidiges, grünliches Bandmuster. Junge Stiele sind ausgefüllt, alte hohl. Das Fruchtfleisch ist weiß mit süßlichem, honigartigem Geruch. Alte Exemplare riechen widerlich.

Verwendung

Der Grüne Knollenblätterpilz ist tödlich giftig und darf auf keinen Fall verzehrt oder auch nur probiert werden. Ein centgroßes Stück reicht aus, einen erwachsenen Menschen zu töten. Wie bei so vielen Giften, verwandelt die richtige Dosis diesen tödlichen Gesellen aber zur Medizin. Die klassische Homöopathie setzt ihn unter der Mittelbezeichnung Agaricus phalloides potenziert, also homöopathisch verdünnt, gegen Todesangst ein. Erst in jüngerer Zeit hat man seine sehr gute Wirkung in der Krebstherapie entdeckt. Die homöopathische Zubereitung hemmt das Wachstum der Tumorzellen, ohne andere Zellen zu schädigen. Vermutlich sprechen die stoffwechselaktiven Krebszellen besonders gut auf das Gift des Knollenblätterpilzes an.

Wissenswertes

Für die Herkunft des wissenschaftlichen Namens *Amanita* gilt das beim Fliegenpilz (S. 35) Gesagte. Er leitet sich von *Amanos* ab, dem Küstengebirge am Golf von Iskenderum an der Grenze zwischen Syrien und der Türkei. *Phalloides* von griechisch *phallós* = männliches Glied beschreibt trefflich die jungen Furchtkörper.

Sich gerade aus der Erde hervorarbeitende Fruchtkörper des Grünen Knollenblätterpilzes sehen Champignons zum Verwechseln ähnlich. Vielleicht ist er deshalb für rund 90 Prozent der Pilzvergiftungen mit Todesfolge verantwortlich. Im englischsprachigen Raum heißt er auch *Death Cap* – Todeshaube. Das tödliche Gift, Amanitin, hemmt die RNA-Polymerasen und verhindert damit die Transkription im Zellkern, also die Synthese neuer Matrizen von der DNA für die Proteinsynthese. Amanitin legt so die Protein- und damit auch Enzymsynthese lahm. Durch den sogenannten enterohepatischen Kreislauf zirkuliert das Gift laufend zwischen Darm, Leber und Gallenblase und schädigt diese Organe am stärksten. Amanitin ist hitzeresistent, bleibt also nach dem Kochen erhalten und passiert unbeschadet den Magen. Das wirklich perfide am Grünen Knollenblätterpilz ist, dass die ersten Symptome der Vergiftung, heftige Brechdurchfälle, Wadenkrämpfe und starke Leibschmerzen, erst acht bis zwölf Stunden nach Verzehr des Pilzes beginnen und dann wieder abklingen. Fatal, wer jetzt nichts unternimmt. Denn in dieser anscheinenden Erholungsphase beginnt die Giftwirkung auf die Leber. Der Knollenblätterpilz enthält mit Anatamid zwar ein Gegengift gegen seine eigenen Toxine, jedoch nicht in ausreichender Dosis. Und selbst wenn man dieses Gegengift konzentriert zur Hand hätte, würde es nur helfen, wenn man es gleichzeitig mit dem Knollenblätterpilz einnähme. Das einzige wirklich wirksame Gegengift ist ein Inhaltsstoff der Mariendistel (Silybum marianum), die als Leberheilpflanze bekannt ist. Das in ihr enthaltene Silybin stabilisiert die Zellmembran der Leberzellen und erschwert so die Aufnahme der giftigen Oligopeptide. Der enterohepatische Kreislauf ist dadurch unterbrochen. Aber auch hier darf die Zellschädigung noch nicht allzu weit fortgeschritten sein. Andernfalls ist dem Vergifteten nur noch mit einer Lebertransplantation zu helfen.

Als man noch keine Therapie gegen die Knollenblätterpilzvergiftung entwickelt hatte, verlief jede Vergiftung tödlich. Und so vermutet man heute, dass so mancher Mord auf das Konto des Grünen Knollenblätterpilzes geht. Berühmte Opfer einer Vergiftung durch ihn sind vermutlich der römische Kaiser Claudius (10 v. Chr.-54 n. Chr.) und der römisch-deutsche Kaiser Karl VI. (1685-1740). Ob es wirklich gezielte Vergiftungen mit diesem Pilz oder nur Unfälle waren, sei dahingestellt.

Honiggelber Hallimasch

Synonyme: Gemeiner Hallimasch, Goldgelber Hallimasch, Stuppling, Wenzelspilz

Wissenschaftlicher Name: Armillaria mellea (Vahl: Fr.) P. Kumm. s. str.

Familie: Tricholomataceae (Ritterlingsverwandte)

Heimat: nahezu weltweit verbreitet, mit Ausnahme von den Tropen, der Arktis und Antarktis

Standort: Parasit auf lebenden und Saprobiont auf abgestorbenen Bäumen außerhalb geschlossener Wälder; kann fast alle Baumarten besiedeln

Inhaltsstoffe: Armillylorsellinate, Flavonoide, antioxidative Substanzen

Beschreibung

Der Hallimasch gehört zu den gefährlichsten Baumschädlingen. Die von ihm befallenen Bäume sterben rasch und dienen dem Pilz weiterhin als Substrat. Ein besonderes Merkmal seiner Fruchtkörper ist ihr büscheliges Wachstum. Dicht an dicht stehen von August bis November die bis zu zehn Zentimeter breit werdenden, anfangs olivgelben und später honigfarbenen Hüte. Besonders die Hutmitte ist von kleinen, gelbbraunen, abwischbaren Schüppchen bedeckt, die oft vom Regen weggespült werden. Sind sie noch vorhanden, wirkt es fast so, als hätte jemand braune Farbe auf die Mitte des anfangs spitz zulaufenden Hutes geschüttet, die zu den Rändern hin verläuft. Ältere Hüte haben sich weit ausgebreitet und abgeflacht. Die Lamellen sind anfangs weißlich, später rotbraun gefleckt. Der bis zu 15 Zentimeter lange, weißliche bis bräunliche Stiel trägt einen markanten, di-

cken Ring knapp unter dem Hut, das abgelöste Velum partiale, die Schutzhaut also, die beim jungen Pilz die Lamellen bedeckt. Die Stiele innerhalb eines Hallimasch-Büschels sind am Grund oft zusammengewachsen und bilden eine Art Pseudowurzel. Das feste Fruchtfleisch riecht muffig, schmeckt herb und erzeugt im Hals ein Kratzen.
Beim Hallimasch lohnt sich ein Blick auf sein außergewöhnliches Myzel, das zu dicken, schnürsenkelartigen Strängen gewachsen ist und manchmal auf freigelegten Wurzeln infizierter Bäume sichtbar wird. Die als Rhizomorph bezeichnete, bis zu drei Millimeter dicke Struktur sieht fast wie eine Pflanzenwurzel aus, sie setzt sich aus inneren und schwarz pigmentierten äußeren Hyphen zusammen, deren Zellwand deutlich verdickt ist. Dieses kräftige Geflecht wächst jährlich unterirdisch bis zu drei Meter und legt dadurch weite Entfernungen zurück. Findet es einen passenden Wirtsbaum, durchdringt es dessen Wurzelwerk. Von der Wurzel aus wächst das Myzel fächerförmig unter der Borke nach oben und verursacht Weißfäule. Weil der Hallimasch seinen Wirt von den Hauptwurzeln her befällt, markieren die Fruchtkörper meistens den Verlauf der Baumwurzeln.

Verwendung

Auch wenn die Beschreibung des Geruchs und Geschmacks seines Fleisches nicht gerade appetitlich klingt, ist der Hallimasch doch essbar. Allerdings mit Einschränkungen. Er enthält giftige, wasserlösliche Magen-Darm-Reizstoffe, die beim Kochen zerfallen. Nach der Zubereitung junger Hüte muss man das Kochwasser weggießen. Dennoch verträgt nicht jedermann den gekochten Pilz. Empfindliche Menschen reagieren mit Magen-Darm-Problemen.

Im Hallimasch konnten hochaktive Naturstoffe nachgewiesen werden. Die Armillylorsellinate zeigen in Versuchen eine antimykotische und antibakterielle Wirkung und verursachen das Absterben von Krebszellen. Der Pilz enthält zudem eine nennenswerte Menge antioxidativer Substanzen, die man isoliert eventuell als Nahrungsergänzung einsetzen könnte. Die Chinesen sehen im Hallimasch eine Vielzahl von medizinischen Verwendungsmöglichkeiten. Traditionell wurde er als nahrhaftes Tonikum eingesetzt, das hauptsächlich auf Leber, Lungen, Magen und Darm wirkt. Aus China kommen Berichte, dass Extrakte des Rhizomorphs einer Magenschleimhautentzündung und einer Hautaustrocknung vorbeugen und die Durchblutung verbessern sollen. Hexenschuss, Rachitis, Epilepsie und Augenentzündungen sollen ebenso zum Wirkungsspektrum des Pilzes gehören.

Wissenswertes

Der Gattungsname *Armillaria* leitet sich von lateinisch *armilla* = Armband oder -spange ab und beschreibt den breiten Ring um den Stiel. *Mellea* von lateinisch *mel* = Honig bezieht sich auf die Hutfarbe des Hallimasch. Um die Herkunft des deutschen Namens Hallimasch streitet man sich. Die einen sagen, es sei die lautmalerische Umsetzung von »Heil im Arsch«, was auf den früheren Einsatz als Arznei gegen Hämorrhoiden in österreichischen Bergregionen verweist. Andere sehen eher die gegenteilige Bedeutung. *Hal* bedeutet glatt, schlüpfrig. »Hal im Arsch« wäre es denn, wenn man die rohen, stark abführenden Pilze gegessen hätte.
In manchen Gegenden heißt der Hallimasch Wenzelspilz, weil er besonders um den 28. September herum seine Fruchtkörper entwickelt, den Todestag des Fürsten Wenzel von Böh-

men (um 908-929 oder 935). Der als friedliebend beschriebene Wenzel, der als einer der Ersten in seinem Land zum Christentum übergetreten war, fiel einem Verrat zum Opfer und wurde von seinem Bruder ermordet. Bereits kurz nach seinem Tod verehrten die Böhmen ihn wie einen Heiligen, der für den Kampf zwischen geistlicher und weltlicher Macht gestorben war. Tschechien hat seinen Todestag zum staatlichen Feiertag erklärt.

Hallimasche können sehr alt und groß werden. Im US-amerikanischen Malheur National Forest in Oregon identifizierte man den Dunklen Hallimasch (Armillaria ostoyae) als Auslöser für ein zunächst rätselhaftes Waldsterben. Es ließen sich fünf Pilzindividuen ausmachen, von denen der größte als »Humongous Fungus« (humongous = gigantisch) für Furore sorgte. Sein schätzungsweise 600 Tonnen schweres Rhizomorph durchwächst eine Fläche von mehr als acht Quadratkilometern und ist mindestens 2400 Jahre alt. Er gilt damit als der größte und schwerste Pilzorganismus der Welt. Den vermutlich größten europäischen Dunklen Hallimasch entdeckten Schweizer beim Ofenpass. Das etwa 1000 Jahre alte Exemplar besiedelt eine Fläche von 35 Hektar und misst 500 auf 800 Meter. Das Alter dieser Hallimasche errechneten die Entdecker übrigens daraus, wie lange das Rhizomorph benötigt haben muss, solche riesigen Flächen zu durchsetzen. Dass es sich um einen einzigen Organismus handelt, ergeben genetische Analysen von entnommenen Gewebeproben.

Es wundert nicht, dass des Nachts leuchtendes Holz dem Wirken unsichtbarer Feen und Elfen zugeschrieben wurde. Aristoteles und Plinius beschrieben dieses Phänomen bereits. Es sollte aber bis 1823 dauern, bis man die Ursache für das mysteriöse Licht herausfand: Pilze. Einer dieser leuchtenden ist der Hallimasch. Bei feuchten Wetterlagen sendet sein weißes Fächermyzel unter der Baumrinde kaltes Licht aus, ein als Biolumineszenz bezeichnetes Phänomen, dem die chemische Umsetzung von Luziferin durch das Enzym Luziferase zugrunde liegt. Frisch befallene Bäume erkennt man, wenn es vollkommen dunkel ist, an dem Leuchten. Welchen Nutzen die Biolumineszenz für Pilze hat, bleibt bis heute ein Rätsel.

Igel-Stachelbart

Synonyme: Affenkopfpilz, Korallenpilz, Löwenmähne, Pom-Pom blanc, Yamabusitake
Wissenschaftlicher Name: Hericium erinaceus (BULL.) PERS.
Familie: Hericiaceae (Stachelbartverwandte)
Heimat: nördliche Hemisphäre; in Europa weit verbreitet, aber überall selten
Standort: Wundparasit an älteren Laubbäumen, meistens Eichen und Buchen, auch auf Baumstümpfen; bevorzugt Standorte mit hoher Luftfeuchtigkeit
Inhaltsstoffe: Polysaccharide, Hericenone, Hydroxyhericenone, Erinacerine, Erinacine, Ericanole, Dilinoleoyl-phosphatidylethanolamid (DLPE)

Beschreibung

Stachelbart ist die beste Beschreibung für den beigefarbenen bis rötlichen Fruchtkörper dieses Pilzes, der bis zu 30 Zentimeter groß werdend von September bis November insbesondere in Spalten und Höhlen geschwächter Laubbäume wächst. Er löst das Lignin des Holzes auf und verursacht Weißfäule. Dass er zu den Ständerpilzen gehört, sieht man ihm nicht wirklich an. Sehr versteckt zum Stamm hin findet sich ein kurzer Stiel. Im Querschnitt sieht man, wie vom Stamm ausgehend kugelig ein verdichtetes, schwammartiges Geflecht gewachsen ist, das nach außen die, man möchte sagen, Mähnenhaare oder eben Stachel gebildet hat. Strukturell entsprechen sie den Lamellen anderer Pilze. Die von der sporenbildenden Schicht (Hymenium) überzogenen, weichen Stachel wachsen senkrecht nach unten. Sie werden zwei bis fünf Zentimeter lang und bis zu zwei Millimeter dick.

Das weißliche Fleisch des Igel-Stachelbarts hat eine zähe bis faserige Konsistenz.

Verwendung

Der Igel-Stachelbart ist essbar. Dazu schneidet man ihn ungewaschen in Würfel und brät ihn in Fett an oder bereitet ihn wie ein vegetarisches Schnitzel zu. Sein Fleisch, das in der Konsistenz an Meeresfrüchte erinnert, schmeckt ähnlich wie Kalb oder Geflügel, verbunden mit einem leicht exotisch-fruchtigen Aroma aus Kokos und Zitronengras. Seiner extravaganten Geschmackskomposition liegen 32 Stoffe zugrunde. Aber nicht nur wegen seines aparten Geschmacks ist der Igel-Stachelbart interessant. Auch ernährungsphysiologisch hat er einiges zu bieten. Er enthält alle für den Menschen essentiellen Aminosäuren. Im Vergleich zu Austernpilzen, Shiitake und Champignons ist sein Proteingehalt um 30 bis 150 Prozent höher. Reichlich Spurenelemente ergänzen seinen Wert.

Die Traditionelle Chinesische Medizin setzt den Igel-Stachelbart seit 4000 Jahren in Form von Presssaftkonzentrat oder getrockneten Fruchtkörpern bei Magen- und Darmbeschwerden ein, außerdem bei Unruhe und Schlafstörungen, zur Begleittherapie von Nervenerkrankungen, bei geschwächtem Immunsystem und zur Vorbeugung von Tumorerkrankungen. Insbesondere den durch ungesunde Lebensführung geschwächten Organismus will die Traditionelle Chinesische Medizin mit diesem Pilz wieder ins Gleichgewicht bringen. In wissenschaftlichen Studien ließen sich diese Einsatzgebiete bestimmten Inhaltsstoffen zuordnen. So wirken einige Polysaccharide gegen den Tumor. Erinacine stimulieren die Synthese von Nervenwachstumsfaktoren. Anderen Substanzen aus dem Igel-Stachelbart wurden antibakterielle Wirkungen nachgewiesen, zum Beispiel gegen das Bakterium Helicobacter pylori, das die Magenschleimhaut infiziert und in vielen Fällen der Verursacher von Sodbrennen und Magengeschwüren ist.

Wissenswertes

Der wissenschaftliche Name unseres Pilzes betont nachdrücklich sein igeliges Wesen. Sowohl *Hericium* als auch *erinaceus* leiten sich von lateinisch *ericius* = Igel ab. Der japanische Name Yamabusitake heißt übersetzt: versteckt am Berg wachsender Pilz.

In China hochgeschätzt, überbrachte man den Kaisern den Igel-Stachelkopf als ein Geschenk, das so kostbar war wie Gold. Chinas berühmtes Bildwerk der Naturgeschichte, *das Pen-T'sao-Kang-Mu* (1578) enthält eine Abbildung des auch Affenkopfpilz genannten Pilzes.

Obwohl die Chinesen den Igel-Stachelbart als Medizin und Speisepilz äußerst schätzen, begannen sie erst in den 1950er Jahren damit, ihn in Kultur zu nehmen. Sie züchten ihn auf diversen Materialien wie zum Beispiel Sägemehl, Altpapier, Reisstroh usw. Mittlerweile werden weltweit Anbauversuche betrieben.

Judasohr

Synonyme: Chinesische Morchel, Holunderschwamm, Mu-Err, Ohrlappenpilz, Wolkenohrenpilz

Wissenschaftlicher Name: Auricularia auricula-judae (Bull.: Fr.) Quél.

Familie: Auriculariaceae (Ohrlappenpilze)

Heimat: nahezu weltweit

Standort: Schwächeparasit auf Holz alter, geschwächter oder absterbender Bäume, am häufigsten auf Schwarzem Holunder; auch auf Totholz

Inhaltsstoffe: Eisen, Kalium, Magnesium, Phosphor, Silizium, Vitamin B_1, Lektine, Beta-Glucane

Beschreibung

Ihn als Ohrlappenpilz zu bezeichnen ist äußerst treffend. Die ganzjährig zu findenden Fruchtkörper des Judasohres lugen aus dem Holz, meistens des Schwarzen Holunders, als wären dem Baum Ohren gewachsen. Das Myzel ernährt sich vom Lignin des Holzes und erzeugt Weißfäule. Die muschel- bis ohrförmigen, geäderten Hüte werden bis zu 12 Zentimeter breit und stehen ohne Stiel bis zu sieben Zentimeter vom Stamm ab. Ihre oliv- bis purpurbraune Oberseite fühlt sich samtig-filzig an. Die glatt glänzende, faltige Unterseite ist von der sporenbildenden Schicht, dem Hymenium überzogen. Das dünne Fleisch des Fruchtkörpers hat eine knorpelartige Konsistenz, solange es feucht ist. Getrocknet wird es hornartig hart, quillt mit Wasser aber gleich wieder auf. Diese Eigenschaft verhilft den Fruchtkörpern des Judasohres zu einer erstaunlichen Fähigkeit. Bei Trockenheit schrumpfen sie auf ein Zehntel ihrer normalen Größe zusammen, beim

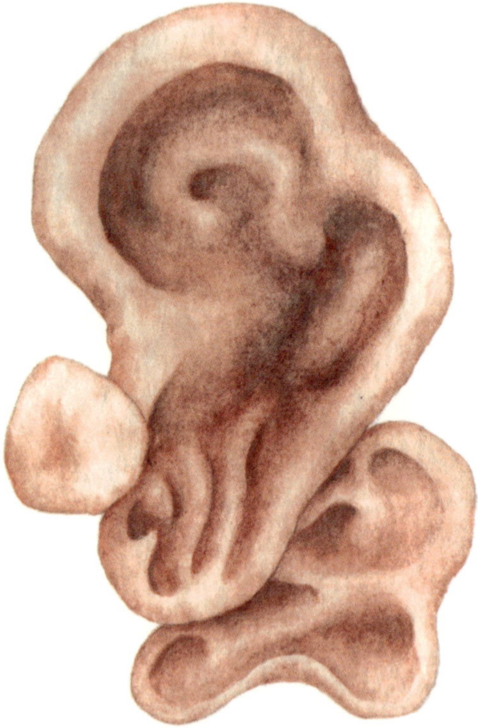

nächsten Regenguss dehnen sie sich wieder zu ihrer normalen Größe aus.

Verwendung

Die Fruchtkörper des Judasohres sind essbar. Meistens bietet der Handel sie in getrockneter Form an, wobei es sich oft um eine asiatische Unterart des europäischen Judasohres handelt, um Auricularia auricula-judae var. polytricha. Auch diese getrockneten Pilze quellen in Wasser ordentlich auf und ergeben eine zwar fade bis geschmacksneutrale, aber wegen des algenartigen Gefühls auf der Zunge beliebte Zutat, die reich an Eisen, Kalium und Magnesium ist und Speisen andickt. Beim nächsten Besuch eines chinesischen Restaurants lohnt es sich, nach diesen kleinen, bräunlichen, leicht knorpelig-gallertartigen Pilzen im Gericht Ausschau zu halten. Als Chinesische Morcheln deklariert, ergänzen sie häufig die Zutatenliste. In China werden sie seit etwa 1500 Jahren gezüchtet.

Die Traditionelle Chinesische Medizin behandelt mit dem Judasohr unter anderem Arteriosklerose, Kreislaufprobleme, Entzündungen an Augen, Haut und Schleimhäuten, Blutungen und Verstopfung. Wegen seiner schleimigen Konsistenz soll der Pilz lindernd bei trockenem Husten und Halsbeschwerden wirken. Deutsche Kräuterbücher aus dem 17. und 18. Jahrhundert priesen das Judasohr ebenfalls. Als *Fungus Sambuci* boten Apotheker es bei Augenentzündungen und als Gurgelmittel bei Halsentzündungen an. Nachgewiesen sind folgende Wirkungen des Judasohres: Es senkt den Cholesterinspiegel, hemmt Entzündungen und verbessert die Fließeigenschaften des Blutes und damit die Durchblutung. Judasohr kann als natürlicher Blutverdünner die Bildung von Blutgerinnseln verhindern, ohne dabei die Gefäßwände zu schädigen. Es hilft dadurch, Thrombosen, Embolien und Herzinfarkte zu verhindern und die Symptome eines Tinnitus zu lindern. In ersten Versuchen konnte man dem Judasohr zudem ein tumorhemmendes Potenzial nachweisen.

Wissenswertes

Lateinisch *auricula* bedeutet Öhrchen, Ohrläppchen, *auricula-judae* entsprechend Judasohr. Der wissenschaftliche Name heißt also übersetzt Judasohr-Öhrchen. Dass der Pilz in Zusammenhang mit dem Jesusverräter Judas Ischarioth geraten ist, rührt von der folgenden Legende. Judas soll nach Jesus Tod aus Reue versucht haben, sich an einem Holunderbaum zu erhängen. So jedenfalls steht es bei Shakespeare in seiner Komödie *Love's labour's lost* (*Verlorene Liebesmüh*) und in Volkssagen geschrieben. Wer Holunderbäume kennt, weiß um die Sprödigkeit ihres Holzes. Unter dem Gewicht des Körpers brach der Ast, und Judas fiel hart zu Boden. Dabei habe er sich ein Ohr abgerissen, das am Stamm des Holunders hängen blieb. Dieser christlichen Deutung gehen andere Sagen voraus. In den Wurzeln des Holunders wohne der Teufel, hieß es, deshalb besäße er solch eine krumme Gestalt und einen unangenehmen Geruch. Die Letten hingegen fanden diesen angeblichen Teufel gar hilfreich und sahen in ihm einen Erdengott. Puschkeitis oder Ruschkaitis, wie er hieß, brachten sie Brot und Bier, damit er sein Gefolge aus Erdgeistern damit beauftrage, die Scheunen der Bauern mit Getreide zu befüllen und gut zu behüten. Wer weiß, vielleicht lassen alle diese Wesenheiten ihre Lauscher aus dem Holunder herauslugen.

Gemeiner Klapperschwamm

Synonyme: Henne der Wälder, Laubporling, Maitake, Spatelhütiger Porling
Wissenschaftlicher Name: Grifola frondosa (Dicks.: Fr.) Gray
Familie: Meripilaceae (Riesenporlingsverwandte)
Heimat: Europa, Nordamerika, Asien; selten
Standort: Parasit an den Wurzeln hauptsächlich von Eichen, aber auch Linden, Edelkastanien und Buchen
Inhaltsstoffe: Alpha- und Beta-Glucan, Ergosterin, ungesättigte Fettsäuren

Beschreibung

Man könnte ihn zunächst für einen riesigen, etwas unförmig geratenen Tannenzapfen halten oder für einen kleinen Busch, der am Fuß alter Eichen steht. Vorausgesetzt man entdeckt ihn überhaupt, denn er besitzt diese faszinierende Eigenschaft, sich trotz seiner beachtlichen Größe von bis zu einem halben Meter irgendwie unsichtbar zu machen. Zudem ist der Gemeine Klapperschwamm sehr selten, weil er alte Bäume für sein Wachstum benötigt. Hat er aber einen guten Platz gefunden, bleibt er über Jahre dort bestehen und entwickelt von August bis Oktober seine mächtigen Fruchtkörper, die ein Gewicht von bis zu 15 Kilogramm erreichen können. Aus einem verzweigten Strunk wachsen zahlreiche spatelförmige Hüte mit seitlichen Stielen, die sich locker übereinanderschieben und klappern, wenn man sie schüttelt. Oberseits sind sie runzelig und gelb- bis graubraun, unterseits werden die weißlich-cremefarbenen Poren als Ausgänge der Röhren sichtbar, in denen die Sporen reifen. Das mild schmeckende, weiße Fleisch fühlt sich weich an und

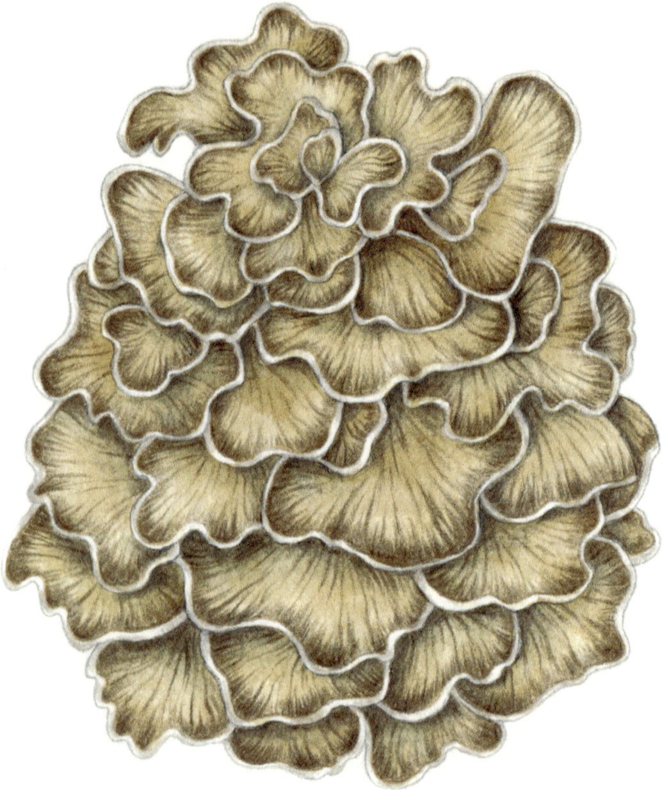

riecht bei jungen Fruchtkörpern pilzartig, im Alter jedoch unangenehm. Mit seinem Myzel greift der Gemeine Klapperschwamm das Wurzelholz seines Wirtsbaumes an und ernährt sich von Lignin. Er erzeugt dabei Weißfäule.

Verwendung

Bei den Chinesen und Japanern gehört der Gemeine Klapperschwamm bereits seit 3000 v. Chr. zu den wichtigsten Speise- und Würzpilzen. In Japan wird er seit 1981 in Kultur angebaut. Noch wichtiger ist jedoch sein Potential als Heilpilz. Die ostasiatische Medizin setzt den Gemeinen Klapperschwamm bei Diabetes und als immunstärkendes Mittel bei verschiedenen Beschwerden sowie als Nahrungsergänzungsmittel ein. In Kombination mit Vitamin C soll er besonders effektiv wirken. Medizinische Studien attestieren dem Pilz eine blutdrucksenkende und eine leberzellschützende sowie die immunstimulierende Wirkung, durch die er das Wachstum von Krebszellen und Viren hemmt. Er soll sogar das Wachstum von HI-Viren reduzieren. Begleitend zu einer Chemotherapie eingenommen, verringert der Gemeine Klapperschwamm die Nebenwirkungen und verbessert das Allgemeinbefinden der Patienten. In Studien ließ sich nachweisen, dass ein Alpha-Glucan des Klapperschwamms den Blutzucker- sowie Cholesterinspiegel senkt und das Körpergewicht reduziert. Diese Wirkung beruht auf einer gesteigerten Empfindlichkeit der Insulinrezeptoren.

Wissenswertes

Die Herkunft des Gattungsnamens *Grifola* ist nicht eindeutig geklärt. *Frondosa* leitet sich von lateinisch *frondosus* = reich belaubt ab. Die Japaner haben ihren Heilpilz mit Maitake etwas lyrischer benannt. Übersetzt heißt dies Tanzender Pilz. Wobei es der Pilzsammler sein soll, der in Freudentänze über den seltenen Fund ausbricht, der früher so wertvoll war wie Silber. Seine Wuchsplätze hielten die Finder denn auch streng geheim.

In China fand der Gemeine Klapperschwamm Einzug in das bekannteste historische Buch über chinesische Arzneimittel, das 1578 erschienene *Bencao Gangmu*, *Das Buch der heilenden Kräuter*. Der chinesische Arzt Li Shizen (1518-1593) fasste in diesem Kompendium das Wissen älterer Arzneibücher über 347 arzneilich verwendete Naturstoffe zusammen, die er nach pflanzlicher, animalischer und mineralischer Natur ordnete. Diese Einteilung war neu, denn bis dahin waren in chinesischen Arzneibüchern die heilkräftigen Substanzen nach ihrer Stärke sortiert. Li Shizen benötigte vielleicht deshalb 26 Jahre für seine Arbeit und schrieb das Buch in dieser Zeit dreimal um.

Krause Glucke

Synonyme: Fette Henne, Hanabiratake (japanisch), Morchel-Bockpilz, Pilzkönig
Wissenschaftlicher Name: Sparassis crispa (Wulfen) Fr.
Familie: Sparassidaceae (Gluckenverwandte)
Heimat: nördliche Halbkugel in gemäßigten und wärmeren Klimaten
Standort: Schwächeparasit an Nadelbäumen, besonders Kiefern
Inhaltsstoffe: Sparassol, Beta-Glucan, Phthalide

Beschreibung

Verzeihung bitte, sind Sie ein Badeschwamm? Das möchte man dem bis zu 40 Zentimeter großen Fruchtkörper dieses kuriosen Pilzes zurufen, der von August bis Oktober am Fuß von Nadelbäumen, insbesondere Kiefern wächst. Von Hut, Lamellen oder Stiel ist hier nichts zu erkennen. Stattdessen besteht er aus welligen, krausen Ästen, die einem fleischigen, innen weißen Strunk entspringen. Nach außen hin werden die verzweigten Äste immer lappiger. Die anfangs weiß-blassgelbe, später schmutzig hellbraune Oberfläche fühlt sich glatt an. Das elastische zähe Fruchtfleisch duftet angenehm aromatisch und schmeckt mild. Die mehrere Jahre am selben Standort fruchtende Krause Glucke dringt mit dem Myzel über verletzte Wurzeln in ihren Wirtsbaum ein und wächst innen bis zu einer Höhe von drei Metern hinauf. Auf ihrem Weg ernährt sie sich von Holz, indem sie hauptsächlich Cellulose anstelle von Lignin abbaut. Das so geschädigte Holz verliert an Festigkeit und Masse und bricht leicht an entstandenen Querrissen. Weil es sich dunkelbraun verfärbt, spricht man von Braunfäule.

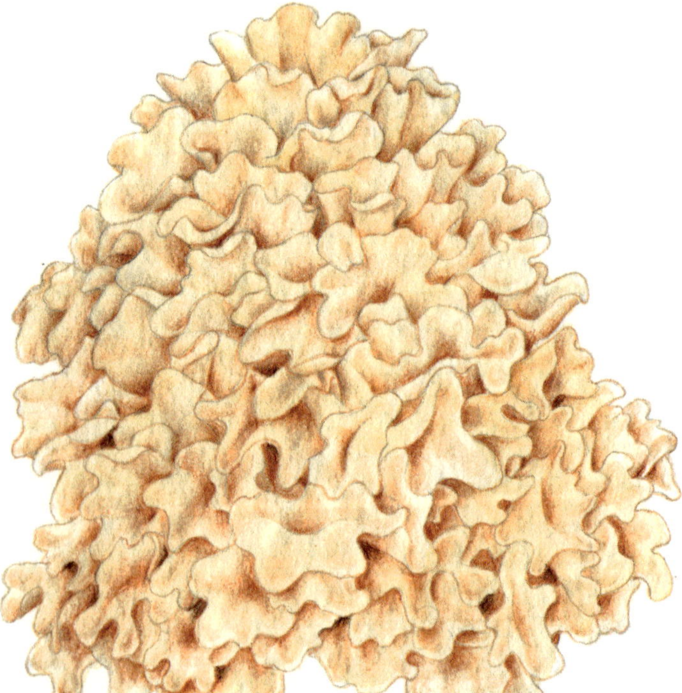

Verwendung

Fett ist sie im ernährungsphysiologischen Sinne zwar nicht, aber sehr delikat. Der Geschmack der Fetten Henne, wie die Krause Glucke lautmalerisch auch heißt, erinnert an den von Speisemorcheln (Morchella esculenta, S. 77). Ihr großer Vorteil liegt in der langen Haltbarkeit. Geerntete Exemplare bleiben kühl gelagert länger als eine Woche frisch. In Japan, Australien, Korea und in den USA wird der Pilz mittlerweile kommerziell angebaut.

Die russische Volksmedizin kennt die Krause Glucke bereits seit Jahrhunderten als Mittel gegen Pilzinfektionen. Sie verwendet sie als immunstimulierendes Mittel und verabreicht sie vorbeugend gegen Geschwülste. Diese traditionellen Einsatzgebiete lassen sich heute alle belegen. 1923 wurde mit Sparassol das erste aus einem Ständerpilz isolierte Antibiotikum entdeckt. Dieser Inhaltsstoff der Krausen Glucke wirkt insbesondere gegen andere Pilzarten. Phthalide zeigen eine antioxidative, entzündungs- und krebshemmende Wirkung. Bei neueren Untersuchungen fand man Polysaccharide in der Krausen Glucke, die das Immunsystem des Menschen stimulieren und so indirekt ein Krebszellwachstum hemmen. Klinische Studien berichten von einer blutdrucksenkenden Wirkung des Pilzes. Bei Diabetikern lässt sich die gestörte Wundheilung verbessern.

Wissenswertes

Der Ursprung des Gattungsnamens *Sparassis* klingt weniger nett als die deutsche Bezeichnung. Er leitet sich von griechisch *sparássein* = zerreisen ab. Der Namenszusatz *crispa* von lateinisch *crispus* = kraus entspricht hingegen wieder dem deutschen Namen.

Der Volksmund kennt die Krause Glucke als Pilzkönig. Warum, das haben wir Nachkommen vergessen. Möglich wäre, dass unseren Ahnen die Größe und Schwere der Fruchtkörper imponierte.

Die Krause Glucke verteidigt mit den antimykotischen Inhaltsstoffen quasi ihr Wachstumsterrain. Das ließ manchen Mykologen darüber nachdenken, Bäume mit ihr zu infizieren, um diese dadurch vor dem weitaus schädlicheren Hallimasch (Armillaria mellea, S. 51) zu schützen. Die Forstpraxis hat diese Idee nicht aufgegriffen, man würde da wohl den Teufel mit dem Beelzebub austreiben wollen.

Lärchenschwamm

Synonyme: Agarikon, Apothekerschwamm, Purgierschwamm
Wissenschaftlicher Name: Laricifomes officinalis (Vill.) K.&P.
Familie: Fomitopsidaceae (Baumschwammartige)
Heimat: Europa, Asien, Nordamerika
Standort: Saprobiont und Parasit an Lärchen, ausschließlich in den Bergen sowie in subalpinen Lagen auftretend
Inhaltsstoffe: Agaricinsäure, Harze, Bitterstoffe

Beschreibung

Der mittlerweile sehr seltene und unter Naturschutz stehende Lärchenschwamm wächst wie der verwandte Zunderpilz (Fomes fomentarius, S. 143) an geschwächten oder toten Lärchenstämmen (Larix spp.) und verursacht dort eine leichte Braunfäule. Er baut Cellulose ab, wodurch sich das Holz dunkelbraun verfärbt und Querrisse bekommt. Die mehrjährigen Fruchtkörper stehen konsolen- oder hufförmig vom Stamm ab und werden bis zu 15 Zentimeter breit und bis zu 30 Zentimeter hoch. Bei jungen Exemplaren ist die Oberfläche cremeweiß bis gelborange, im Alter wird sie grau, graubräunlich bis schwarzgrau, rissig und dünn verkrustet. Der wulstige Rand des Fruchtkörpers ist cremeweiß bis bräunlich. Die Röhren innerhalb des Fruchtkörpers wachsen in mehreren Schichten und münden in rundlich-eckige Poren, die gelblich bis orangebraun die Unterseite des Pilzes bedecken. Das brüchige, weiße und weiche Fruchtfleisch im Kern des Furchtkörpers riecht mehlartig und schmeckt äußerst bitter.

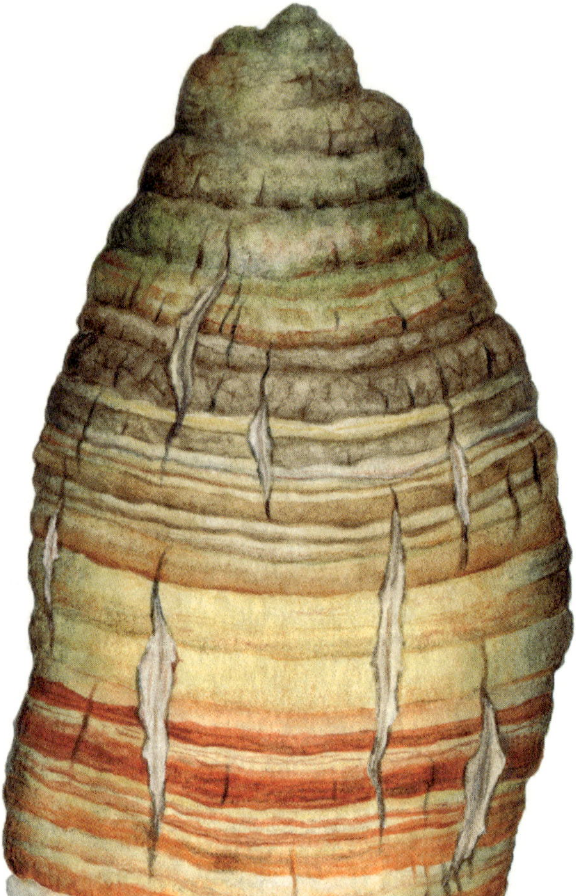

Verwendung

Der Lärchenschwamm wirkt stark abführend. Das getrocknete und pulverisierte Fruchtfleisch hilft bei Rheuma, Lungenleiden, Nachtschweiß und Blutungen. Lärchenschwamm gehört zu den ältesten und meistverbreiteten Heilpilzen außerhalb Ostasiens. Die Homöopathie setzt potenzierte Zubereitungen gegen Leber- und Galleleiden, bei Wechselfieber und Nachtschweiß ein. Die Traditionelle Chinesische Medizin verwendet ihn gegen Husten, Asthma, Magenkrämpfe, Nierenentzündungen, Blasensteine, Nasenblutungen, Blutbrechen und Bisse giftiger Schlangen. In neueren Untersuchungen konnten chinesische Wissenschaftler eine tumorhemmende Wirkung des Lärchenschwamms nachweisen.

Wissenswertes

Der Name *Laricifomes* setzt sich aus lateinisch *larix* = Lärche und lateinisch *fomentum* = wärmender Umschlag beziehungsweise *fovere* = wärmen, hegen zusammen. Mit *officinalis* von lateinisch *officine* = Werkstatt beziehungsweise der Raum, in dem Arzneimittel hergestellt werden, sind Arten bezeichnet, die man medizinisch verwendet. Und in der Tat erwähnte bereits der römische Gelehrte Plinius (1. Jahrhundert n. Chr.) den Lärchenschwamm so umfangreich in seinen Schriften, als wäre er damals das Allheilmittel schlechthin gewesen. Die griechischen Ärzte Dioskurides (1. Jahrhundert n. Chr.) und Galenos (2. Jahrhundert n. Chr.) äußerten sich nicht minder lobend über ihn. Gelehrte und Heilkundige späterer Jahrhunderte folgten. Dioskurides erlangte sein Wissen vom medizinkundigen Stamm der Agaroi, die an der Nordwestküste des Asowschen Meeres gelebt haben sollen, einem Seitenbecken des Schwarzen Meeres, das heute zur

Ukraine gehört. Die Agaroi nutzten den Lärchenschwamm nicht nur medizinisch, sondern handelten auch mit ihm, sodass er letztendlich in Griechenland landete, wo Dioskurides ihn als Agaricum kennen und schätzen lernte.
Seit dem 18. Jahrhundert verarbeiteten die Apotheker den Lärchenschwamm in allerlei Rezepturen, etwa Bitterlikören und Tinkturen. Einige Bekanntheit erlangte neben dem Großen Schwedenbitter eine Fiebertinktur: »Dr. Warburgs vegetabilische Fieber-Tinktur«, eine Mischung aus Lärchenschwamm und Heilkräutern, wurde im 19. und 20. Jahrhundert insbesondere Tuberkulose- und Malariakranken verabreicht.

Speisemorchel

Synonyme: Rundmorchel
Wissenschaftlicher Name: Morchella esculenta (L.) Pers.
Familie: Morchellaceae (Morchelverwandte)
Heimat: Europa, Nordamerika, teilweise Asien
Standort: Saprobiont in Laubwäldern, Auenwäldern und Gebüschen, gern unter Eschen, manchmal auch unter Obstbäumen; oft auf abgebrannten Flächen
Inhaltsstoffe: Polysaccharide, Phenole, Tocopherole

Beschreibung

Sie sieht der Stinkmorchel (Phallus impudicus, S. 125) recht ähnlich, ist aber nicht mit ihr verwandt. Die Speisemorchel gehört im Gegensatz zu den meisten in diesem Buch beschriebenen Pilzen nicht zu den Ständerpilzen (Basidiomycota), den typischen Pilzen mit Hut und Stiel, sondern zu den Schlauchpilzen (Ascomycota). Den Namen trägt diese Abteilung der Pilze aufgrund der sie charakterisierenden schlauchförmigen Fortpflanzungsstrukturen. Für den Menschen wichtige, aber auch schädliche Pilze gehören zu den Schlauchpilzen: Schimmel und Mehltau, aber auch der penicillinproduzierende Penicillium chrysogenum, Mutterkorn (Claviceps purpurea, S. 83) und viele Pilze, die in der Lebensmittelerzeugung ihren festen Platz haben. Auch die Pilzkulturen der Käseproduktion zählen dazu und, nicht zu vergessen, die Backhefe (Saccharomyces cerevisiae).
Doch zurück zur Speisemorchel. Ihre bis zu 12 Zentimeter groß werdenden Fruchtkörper entwickeln sich aus unterirdischen Sklerotien, einer Überdauerungsform, die von einer festen Hülle umgeben ist. Die Frucht ist in einen weißlichen

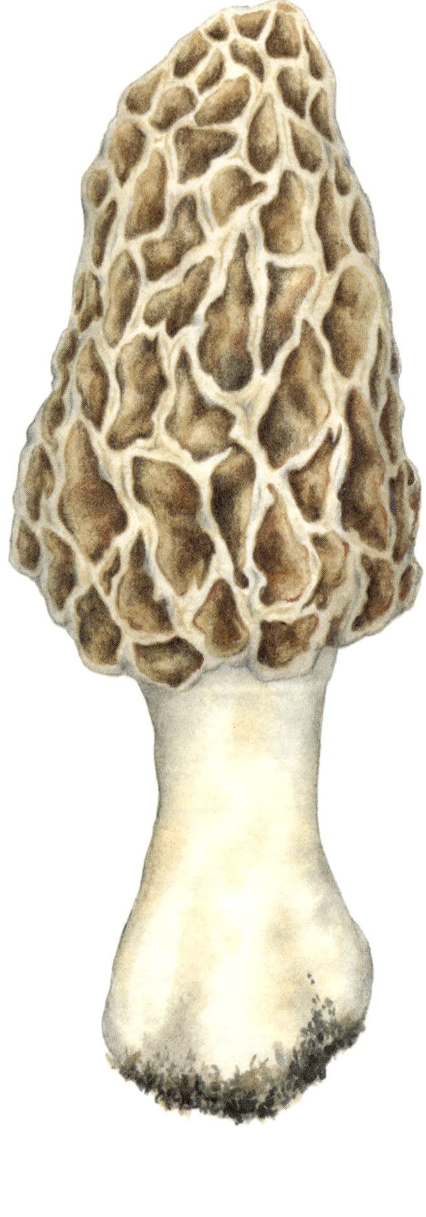

Stiel und einen braunen, walzenförmigen, mit dem Stiel verwachsenen Hut gegliedert. So scheint es zumindest, aber eigentlich unterliegen wir einer Täuschung. Der Fruchtkörper ist innen von der Spitze bis zum Boden hohl und simuliert lediglich mit seiner Kontur einen Ständerpilz. Charakteristisch ist die wabenartige Struktur der Hutoberfläche. Die rauen Kammern sind von der sporenproduzierenden Schicht, dem Hymenium, bedeckt. Der bis zu neun Zentimeter lange Stiel fühlt sich körnig an, das wachsartige Fruchtfleisch schmeckt mild und riecht angenehm. Nur noch selten lassen sich von April bis Mai die begehrten Speisepilze versteckt zwischen altem Laub finden und sollten deshalb nicht geerntet werden. Sie stehen unter Naturschutz!

Verwendung

Morcheln sind äußerst schmackhaft und nach den mit ihnen verwandten Trüffeln die teuersten gehandelten Pilze. Sie werden getrocknet oder, seltener, frisch angeboten und sollten vor dem Verzehr auf jeden Fall erhitzt werden. Andernfalls kann der Pilz Unverträglichkeiten hervorrufen.

Auch die Morchel ist laut neueren Untersuchungen medizinisch interessant. Zum Beispiel ließ sich eine antibakterielle Wirkung nachweisen. Aus ihr isolierte Polysaccharide sind immunstimulierend, antiviral, tumorhemmend und antioxidativ. Dass die Morchel Heilpotential besitzt, wussten die Asiaten mal wieder lange vor uns. Die Traditionelle Chinesische Medizin setzt sie bei Verdauungsstörungen, Antriebslosigkeit und Kurzatmigkeit ein. In Nepal, wo sie unter dem Namen Ghuchi Chyau bekannt ist, erlebt sie große Wertschätzung. Die IUCN Nepal hat sie in das Buch *National Register of medicinal plants* aufgenommen. Die IUCN (International Union for Conservation of Nature) mit Sitz in Gland, Schweiz, ist eine 1948 gegründete Nichtregierungsorganisation, die sich dafür einsetzt, die Menschen für den Natur- und Artenschutz zu sensibilisieren und damit eine nachhaltige Nutzung unserer Ressourcen zu sichern.

Wissenswertes

Über die Herkunft des Namens Morchel ließe sich ein halber Roman voller Spekulationen schreiben. Denn eigentlich weiß niemand so recht, wie er zustande kommt. Bevor Carl von Linné den Gattungsnamen *Morchella* einführte, war unser Pilz unter anderem unter der Bezeichnung *Fungus porosus* zu finden, ein sofort einleuchtender Begriff. *Merulius niger* war eine weitere Bezeichnung, sich ableitend von lateinisch *meruleus* = schwarz wie eine Amsel. Dieses Wort käme dem Begriff Morchel doch bereits nah, meinen die einen. Andere sehen eine Verwandtschaft zu lateinisch *mora* = Maulbeere, die ja ebenfalls schwarz gefärbt sei. Vorlateinisch *maurus* = dunkelfarbig ist ebenfalls im Angebot. Des Rätsels Lösung bleibt wohl im Dunkeln. Ebenso, warum überhaupt der Morchel das Attribut schwarz zuzuordnen ist, wenn die Hüte doch braun sind. Doch wenigstens *esculenta* lässt sich spielend auflösen. Lateinisch *esculentus* heißt essbar. Viel lyrischer haben die Tibeter die Morchel benannt. Khukhu Shamu heißt sie dort, der Kuckuckspilz. Denn wenn der Kuckuck zurückkehrt, bricht endlich der Frühling an und damit die Morchelzeit.

In noch mehr Verwechslungen ist die Morchel verwickelt. Wegen ihrer phallusartigen Form sei die Speisemorchel ein Aphrodisiakum, heißt es hier und da. Wahrscheinlich ist die Stinkmorchel gemeint, für die der kultische Einsatz als

Fruchtbarkeitssymbol belegt ist. Und wer chinesische Morcheln kauft und sich über den fahlen Geschmack wundert, hat Judasohren (Auricularia auricula-judae, S. 61) gegessen. Morcheln zu züchten ist bisher nicht von Erfolg gekrönt, auch wenn einzelne Meldungen über Züchtungsversuche kursieren und sogar ein Patent angemeldet ist. Obwohl der Pilz keinen Wirt benötigt und man meinen könnte, mit ausreichend organischem Substrat müsse er doch gedeihen, will er in Gefangenschaft einfach nicht ausreichend fruchten. Der Knackpunkt scheinen die Sklerotien zu sein, die sich in künstlicher Umgebung nicht bilden wollen und Voraussetzung für die Fruchtkörperbildung sind. Die zum Verkauf angebotene Ware stammt deshalb nach wie vor aus Wildsammlungen, vor allem aus Afghanistan, Indien, der Türkei, Pakistan und Nepal.

Purpurbrauner Mutterkornpilz

! TÖDLICH GIFTIG !
Synonyme: Engelsbrot, Hahnsporn, Teufelsklaue, Todtenkorn, Tollkorn
Wissenschaftlicher Name: Claviceps purpurea (Fr.) Tul.
Familie: Clavicipitaceae (Mutterkornpilzartige)
Heimat: Regionen mit gemäßigtem Klima
Standort: Parasit, primär auf Roggen, aber auch auf Weizen, Triticale (Kreuzung aus Weizen und Roggen), Hafer, Gerste und Wildgräsern, zum Beispiel Quecke, Weidelgras oder Ackerfuchsschwanz
Inhaltsstoffe: Mutterkornalkaloide, z. B. Ergotamin, Ergometrin

Beschreibung

Zum Glück lässt er sich heute in der Natur nicht mehr allzu oft beobachten, zumindest nicht auf dem zum Verzehr bestimmten Getreide, wo er Jahrhunderte hindurch großen Schaden angerichtet hat. Das mindert nicht die Faszination, die man für den Lebenszyklus des giftigen, zu den Schlauchpilzen gehörenden Mutterkornpilzes aufbringen kann, der zweierlei Transportwege für seine Verbreitung nutzt. Beginnen wir die Betrachtung bei einer Spore. Im Frühling, wenn Gräser und Getreide in voller Blüte stehen, reifen die Pilzsporen und keimen vom Wind getragen in noch nicht befruchteten Blüten. Das Myzel wächst in den Fruchtknoten hinein, quasi die Gebärmutter der Blüte, aus der sich normalerweise das Korn entwickelt. Vom Mutterkornpilz infiziert, beginnt sich stattdessen ein schwarzviolettes, bis zu zwei Zentimeter langes Sklerotium aus dem Fruchtknoten zu bilden, das Mutterkorn. Noch bevor dieses Sklerotium sichtbar wird, schnürt der Pilz an den Enden bestimmter Hyphen

Zellen ab, die man als Konidien bezeichnet und die dem zweiten Verbreitungsweg dienen. Und das geht so: Das Mutterkornmyzel scheidet eine zuckerhaltige Flüssigkeit aus, den Honigtau, der in großen Tropfen sichtbar an der Ähre hängt. Insekten lieben diesen Saft und schleppen, wenn sie von ihm getrunken haben, etliche Konidien mit sich zu anderen Gräsern, wo sie die Blüten infizieren. Doch zurück zum Sklerotium. Wenn diese Überdauerungsform aus fest verflochtenen Hyphen voll ausgewachsen ist, fällt sie vom Gras ab und bleibt bis zum nächsten Frühjahr auf dem Boden liegen. Dann erst wachsen aus dem Mutterkorn die bis zu eineinhalb Zentimeter großen, rötlichen Fruchtkörper, die in Kopf und Stiel gegliedert sind und auf deren Köpfchen die Sporen reifen. Der Zyklus beginnt von Neuem.

Verwendung

Die Mutterkorn-Sklerotien enthalten Alkaloide, die in der richtigen Dosierung krampflösend wirken. Sie finden Einsatz bei der Behandlung von Migräne, bei peripheren Durchblutungsstörungen, Parkinson-Krankheit, Restless-Legs-Syndrom, als Wehenmittel und zur Blutdrucksenkung.

Wissenswertes

Der wissenschaftliche Name beschreibt das Aussehen der Sklerotien: Lateinisch *clava* = Keule, *ceps* = köpfig und *purpureus* = purpurfarben ergeben zusammen purpurfarbene Keulenköpfe. Frauen verwendeten früher Sklerotien wohldosiert gezielt für die Geburtshilfe oder zum Abtreiben, deshalb etablierte sich der Name Mutterkorn.

Im Mittelalter, als die Menschen in Europa begannen, hauptsächlich den anspruchslosen Roggen zu kultivieren, mehrten sich Fälle schwerster Vergiftungen mit Mutterkorn. Seine giftigen Alkaloide, die das Backen unbeschadet überstehen, greifen die peripheren Blutgefäße oder das Nervensystem an, abhängig davon, welche Alkaloide vorherrschen. Zwei Symptomenkomplexe ließen sich unterscheiden. Stand die Schädigung der Blutge fäße im Vordergrund, plagte unerträgliches Kribbeln in Händen und Füßen die Betroffenen, bis hin zu blauschwarz mumifizierten, absterbenden Gliedmaßen. Schwere nervöse Störungen und Halluzinationen traten bei der Nervenschädigung auf, verbunden mit schwersten, epilepsieartigen Krämpfen. Schäden wie Verkrüppelung und Verblödung blieben, wenn nicht vorher Atem- und Herzstillstand zum Tod geführt hatten. Die heute unter dem Begriff Ergotismus bekannten Symptome wurden im Mittelalter als Antoniusfeuer oder Kriebelkrankheit bezeichnet. Der Name Ergotismus leitet sich vom altfranzösischen *argot* = Hahnensporn ab, eine alte Bezeichnung für das Mutterkorn. Und warum Antoniusfeuer? Die Erkrankten suchten im Mittelalter Heilung und Zuflucht bei den Reliquien des heiligen Antonius (etwa 215-356), eines christlichen ägyptischen Mönchs, der seinen Besitz verschenkte und als Asket am Lebensende in einer Einsiedelei in der Wüste lebte. Er widerstand dort allen ihn plagenden Halluzinationen, d. h. Zuständen, die man auch unter Mutterkorneinfluss erlebte und mit Antonius' Hilfe zu überstehen hoffte. Antonius wurde zu ihrem Schutzpatron erkoren.

Der erste dokumentierte Fall von Ergotismus stammt aus Xanten am Rhein aus dem Jahr 857. Mutterkorn rottete ganze Dörfer aus, wie um 922, als in Europa etwa 40 000 Menschen an einer Mutterkornvergiftung gestorben sein sollen, die meisten von ihnen in Frankreich und Spanien. Weitere schwere Mutterkornseuchen sind in den Jahren 1770 und 1771 in der Gegend von Celle dokumentiert, 1772 traf es die Armee Peters des Großen. Erst Anfang des 19. Jahrhunderts sorgten Verordnungen dafür, dass Bauern und Händler das Getreide sorgfältig zu reinigen hatten. Die Verwendung mutterkornverseuchten Mehls stand ab da unter Strafe. Mit der Frankenberger Epidemie in den 1880er Jahren notieren die Geschichtsbücher die letzte bekannte Massenvergiftung. Mutterkorn wird heute übrigens wieder zum Problem im Roggenanbau, speziell bei modernen Hybridsorten. Um die Infektionsrate zu verringern, setzen Anbauer unter anderem auf Sorten mit besonders viel Pollen, damit die Blüten schnell befruchtet sind. Denn nur unbefruchtete Blüten kann der Pilz befallen. Die Ernte zu reinigen ist heute aber genauso wichtig.

Im alten Griechenland spielte der Roggenanbau keine Rolle, Weizen war das bevorzugte Getreide. Mutterkorn war vermutlich dennoch bekannt, allerdings als Halluzinogen, das richtig dosiert bei den griechischen Mysterien von Eleusis zu Ehren von Demeter, der Göttin des Getreides, zum Einsatz gekommen sein soll. Spekulationen nach war es Bestandteil des Kykeons, einem Getränk auf Basis von Wasser und Getreide, mit dem die Zeremonienteilnehmer den rituellen Fastentag zu Ehren von Demeter brachen.

Nachdem Hebammen das Mutterkorn bereits seit langem als Wehenmittel einsetzten, war der deutsche Botaniker und Arzt Adam Lonitzer (1527-1586) der Erste, der diese Verwendungsmöglichkeit anerkannte und die heilkräftige Seite des Mutterkorns unter dem Namen Secale cornutum exakt beschrieb. Dieses erstmals schriftlich festgehaltene Wissen machte sich Rudolf Jakob Camerarius (1665-1721), Professor der Medizin und Direktor des Botanischen Gartens in Tübingen, zu eigen. Als »Pulvis ad partum« setzte er Mutterkorn in der Geburtshilfe ein. Da falsche Dosierungen immer wieder Todesfälle nach sich zogen, verurteilten Gegner der Methode das Mittel als »Pulvis ad mortem«. Dennoch blieb es bis Anfang des 20. Jahrhunderts das einzige gut wirksame Wehenmittel, das zudem blutstillende Eigenschaften besitzt.

Der Schweizer Chemiker Albert Hofmann (1906-2008) versuchte, ein kreislaufstimulierendes Mittel zu entwickeln. Er isolierte aus Mutterkorn den Grundkörper der Alkaloide, die Lysergsäure, und hängte neue chemische Gruppen daran. 1938 kam bei seinen Synthesen als 25. Substanz das Lysergsäurediethylamid (LSD-25) heraus, das im Tierversuch nicht die gewünschte Wirkung zeigte. Erst viele Jahre später entschied sich Hofmann, die Wirkung in Selbstversuchen zu überprüfen, und staunte nicht schlecht, als am 19. April 1943 die Welt auf seinem Nachhauseweg mit dem Fahrrad irgendwie komplett anders aussah. Er hatte mit LSD das stärkste heute bekannte Halluzinogen erzeugt, das großen therapeutischen Nutzen besitzt. Hofmanns Arbeitgeber, das Schweizer Pharmaunternehmen Sandoz, vermarktete LSD unter dem Namen Delysid, ein Medikament, das vielen Patienten mit psychischen Störungen half. Durch Missbrauch, zum Beispiel durch den CIA, kam es in Verruf, Delysid verschwand vom Markt, 1966 wurde LSD verboten. Da das Wissen um die positiven Eigenschaften dieser halbsynthetischen Substanz aber überdauert, lassen sich Therapeuten immer wieder genehmigen, LSD einzusetzen. Suchtkranke und schwer Traumatisierte zum Beispiel profitieren davon.

Orangefuchsiger Raukopf

! TÖDLICH GIFTIG !
Synonyme: Orangefuchsiger Schleierling, Orangefuchsiger Hautkopf
Wissenschaftlicher Name: Cortinarius orellanus Fr.
Familie: Cortinarius (Schleierlingsverwandte)
Heimat: Europa, Asien, Nordafrika
Standort: wärmeliebender Mykorrhizapilz, vorwiegend in Symbiose mit Laubgehölzen, seltener mit Nadelbäumen
Inhaltsstoffe: Orellanin

Beschreibung

Auf den ersten Blick ist der orangefuchsige Schleierling den Pfifferlingen (Cantharellus cibarius, S. 95) oder dem Hallimasch (Armillaria mellea, S. 51) zum Verwechseln ähnlich, vor allem wegen seiner leuchtend orange- bis kupferbraunen Farbe. Bei näherer Betrachtung lassen sich aber schnell die Unterschiede feststellen. Die anfangs fast halbkugeligen bis kegeligen Hüte der von August bis Oktober gedeihenden Fruchtkörper wölben sich im Wachstum nach oben und umfassen dann an die neun Zentimeter Umfang. In ihrer Mitte bleibt eine kleine Erhöhung sichtbar. Die sich trocken anfühlende, matte Hutoberfläche ist mit feinen, angedrückten Schuppen versehen. Bei alten Fruchtkörpern fehlen diese. Die anfangs orangeroten bis zimtbraunen oder rostroten, später vom Sporenpulver braun gefärbten Lamellen sind recht dick, wie Girlanden gebogen und berühren kaum den bis zu neun Zentimeter langen Stiel – ein entscheidender Unterschied zum Pfifferling. Die im jungen Stadium gelben Stiele verfärben sich im Alter zur Basis hin rostbraun. Spinnwebartige, gelbliche Spuren zwischen Hut und Stiel sind die

Reste der sogenannten Cortina, der Schutzhülle, die beim ganz jungen Fruchtkörper des Schleierlings die Lamellen bedeckt. Das feste, leicht rettichartig riechende Fruchtfleisch ist gelblich und nur unter der Huthaut rostbraun gefärbt. Von einer Geschmacksprobe ist dringend abzuraten!

Verwendung

Der Orangefuchsige Schleierling ist einer der gefährlichsten Giftpilze Europas und für den Menschen ohne Verwendungszweck. Umso wichtiger ist er als Mykorrhizapilz für das Ökosystem des Waldes. Bäume wachsen mit ihrem Mykorrhizapartner nachweisbar besser. Da Luftschadstoffe und Überdüngung diese empfindliche Symbiose immer häufiger stören, steht der Orangefuchsige Schleierling auf der Roten Liste der vom Aussterben bedrohten Arten. 2002 erkor die Deutsche Gesellschaft für Mykologie ihn zum Pilz des Jahres.

Wissenswertes

Der Gattungsname *Cortinarius* leitet sich von spätlateinisch *cortina* = Vorhang ab und beschreibt den Schleim- oder Haarschleier, der junge Schleierlinge umgibt. Der Namenszusatz *orellanus* steht letztendlich für rot. Die Herleitung geht jedoch verzweigte Wege und führt zunächst ins Amazonasgebiet zum Annattostrauch. Aus dieser von Fransisco de Orellana (1511-1546) beschriebenen Pflanze lässt sich ein roter Farbstoff gewinnen. Ihre wissenschaftliche Bezeichnung *Bixa orellana* ehrt den Forscher. Und hier offenbart sich der Bogen zum Orangefuchsigen Schleierling.

Der Orangefuchsige Schleierling verursacht nach Verzehr einen schleichenden Tod und ist darin dem Grünen Knollenblätterpilz (Amanita phalloides, S. 47) in Gemeinheit ebenbürtig. Da die Vergiftungssymptome erst nach drei bis 14 Tagen eintreten, lässt sich ihr Ursprung oft nicht mehr rekonstruieren. Sehr lange galten diese Pilze deshalb für essbar. Bis sich 1952 in Polen innerhalb kürzester Zeit 102 Menschen mit extremen Nierenproblemen meldeten, von denen 11 starben. Ihnen allen gemein war, dass sie Orangefuchsigen Schleierling gegessen hatten. Der polnische Arzt Stanisław Grzymała untersuchte das Phänomen systematisch. Zwischen 1953 und 1962 beschrieb er 136 Vergiftungsfälle mit 25 Toten und isolierte aus dem Pilz Orellanin als den Verursacher. Diese Phenolverbindung wirkt vor allem stark giftig auf die Nieren. Die Symptome des Orellanus-Syndroms umfassen Durst, Nieren- und Kopfschmerzen. Nach anfänglich übermäßiger Urinproduktion kann je nach Stärke der Vergiftung der Urinfluss komplett versiegen. Da die Symptome erst auftreten, wenn die Nieren bereits geschädigt sind, kann den Vergifteten meistens nur mit symptomatischer Therapie Linderung verschafft werden, eine Blutwäsche kann hilfreich sein. Im Extremfall ist eine Nierentransplantation unumgänglich.

Papageigrüner Saftling

! SCHWACH GIFTIG !
Synonyme: Papageien-Saftling
Wissenschaftlicher Name: Hygrocybe psittacina (Schaeff.) P. Kumm.
Familie: Hygrophoraceae (Schnecklingsverwandte)
Heimat: weltweit
Standort: vermutlich Mykorrhizapilz, auf Trockenrasen, Wacholderheiden, extensiv genutzten Wiesen und Weiden
Inhaltsstoffe: nicht bekannt

Beschreibung

Hat da jemand entzückende Glasminiaturen von Zauberpilzen in das Gras gesteckt? Das könnte man meinen angesichts des Papageigrünen Saftlings. Er macht seinem Namen alle Ehre. Seine intensiv gelbgrün, grünorange bis orange leuchtenden Fruchtkörper sind bei feuchtem Wetter stark schleimig überzogen und glänzen wie Glas. Zu finden sind sie von August bis November. Die Hüte sind bis zu drei Zentimeter im Durchmesser und sehen anfangs wie kleine Glocken oder Zipfelmützen aus, später eher wie ein chinesischer Hut oder Kegel. Unterseits stehen mit großen Abständen etwas zerfranst aussehende gelbliche Lamellen. Den Hut tragen bis zu sechs Zentimeter lange, dünne, gelborangene Stiele, die leicht zerbrechen und sich zur Spitze hin blaugrün verfärben. Leider verblasst die wunderschöne Färbung mit der Zeit, alte Fruchtkörper sind blassgelb bis weißlich.

Verwendung

So schön er auch aussieht, sollte man ihn nicht verspeisen. Der Papageigrüne Saftling ist leicht giftig und verursacht in größeren Mengen von mehr als 20 Fruchtkörpern eingenommen Verdauungsstörungen. Andere Quellen behaupten, er sei essbar. Das Fruchtfleisch weist jedoch weder einen besonderen Geruch noch Geschmack auf. Erfreuen wir uns also lieber an seinem Aussehen.

Wissenswertes

Der wissenschaftliche Name *Hygrocybe psittacina* aus griechisch *hygrós* = feucht, nass, *kýbe* = Kopf und lateinisch *psittacus* = Papagei entspricht der deutschen Bezeichnung Papageien-Saftling.

Er liebt magere Standorte. Auf gedüngten Wiesen, ob mit Kunstdünger oder Gülle, gedeiht der Papageien-Saftling nicht. Das ist auch der Grund, weshalb er immer seltener zu finden ist und in Deutschland unter Naturschutz steht. Die Deutsche Gesellschaft für Mykologie ernannte ihn 2003 zum Pilz des Jahres, um auf die Bedrohung der besonders artreichen Magerstandorte hinzuweisen.

Der Papageiengrüne Saftling birgt übrigens noch das eine oder andere Geheimnis. Bis heute ist unbekannt, ob er Mykorrhiza-Symbiosen bildet. Auch worauf seine schwache Giftigkeit beruht, ist nicht geklärt. Und da gibt es noch diese widersprüchlich geführte Diskussion: Enthält er das halluzinogen wirkende Psilocybin? Würde es einen wundern bei diesem zauberhaften Aussehen?

Echter Pfifferling

Synonyme: Eierschwamm, Rehling
Wissenschaftlicher Name: Cantharellus cibarius Fr.
Familie: Cantharellaceae (Pfifferlingsverwandte)
Heimat: Australien, Südamerika, Nordasien, Nordamerika und Europa
Standort: Mykorrhizapilz mit verschiedenen Nadel- und Laubbäumen, in Mitteleuropa hauptsächlich mit Fichte und Rotbuche
Inhaltsstoffe: Vitamin C, Vitamin D, Kalium, Eisen

Beschreibung

Die Fruchtkörper der Pfifferlinge kennt wohl jeder als äußerst schmackhaften Speisepilz. In Laub- und Nadelwäldern wachsen sie von Juni bis November oft gesellig in größeren Gruppen, gerne am Fuß von Fichten, mit denen der Pilz häufig eine Symbiose eingeht. Seine dotter- bis goldgelben, im jungen Stadium halbkugeligen Hüte werden bis zu 15 Zentimeter breit und stülpen sich beim Wachsen trichterförmig um. Die Unterseite bedecken dicke lamellenartige und vielfach miteinander verbundene Strukturen, die bei den Pfifferlingen als Leisten bezeichnet werden. Sie laufen weit den bis zu sechs Zentimeter langen Stiel hinab und verleihen dem Fruchtkörper von der Seite betrachtet ein trichterförmiges Aussehen. Das die Leisten bedeckende sporenbildende Gewebe, das Hymenium, gibt massenhaft Sporen als blassgelbes Pulver ab. Das feste, weiße bis blassgelbe Fruchtfleisch schmeckt mild pfeffrig und duftet aprikosenartig. Pfifferlinge legen eine große Variabilität in ihrem Aussehen an den Tag. Bis zu 18 sogenannte Varietäten sind weltweit beschrieben, zum Beispiel der Blassleisten-Pfifferling,

der Zweifarbige Pfifferling, der Braunschuppige Pfifferling usw.

Verwendung

Bereits im 16. Jahrhundert gehörte der Pfifferling zu den begehrten Speisepilzen. Die französische Küche des 18. Jahrhunderts machte ihn zum Pilz der Königstafeln. Die heute im Handel angebotenen Pilze stammen meistens aus Wildsammlungen aus dem osteuropäischen Raum. Denn als Mykorrhizapilz lässt sich der Pfifferling nicht in Kultur nehmen. Die weiten Transportwege führen zu erheblichen Qualitätseinbußen. Nach der Ernte verliert der Pfifferling täglich 20 Prozent seines Gewichtes. Versuche, den Pilz zu züchten, sind bislang erfolglos geblieben.
Da die meisten der begehrten Geschmacksstoffe des Pfifferlings fettlöslich sind, entfaltet er sein Aroma besonders gut in Butter gebraten oder in Sahnesoßen. Aber auch getrocknet bewahrt er eine exzellente Würze. Doch nicht nur der Geschmack, sondern auch die Nährwerte sind hervorzuheben. Pfifferlinge enthalten mehr Eisen als Rindfleisch.

Wissenswertes

Der wissenschaftliche Gattungsname *Cantharellus* leitet sich von lateinisch *cantharula* = kleiner Becher, Humpen ab, *cibarius* geht auf lateinisch *cibus* = Nahrung, Speise zurück.
Wer früher in die Pilze ging, kam sicherlich mit einer Menge Pfifferlinge zurück. So selbstverständlich ist das heute nicht mehr: Die Pfifferlingsbestände schwinden seit etwa Anfang der siebziger Jahre in Deutschland merklich. Möglicherweise ist Luftverschmutzung eine der Ursachen. Schweflige Säuren schädigen die empfindliche Mykorrhiza des Pfif-

ferlings, Ozon hemmt seine Sporenentwicklung. Intensive Forstwirtschaft mit Bodenverdichtung tun ihr Übriges. Mittlerweile ist die Erntemenge des Pfifferlings reguliert: Mehr als ein Kilogramm pro Privatperson ist nicht erlaubt.

Die Redewendung »Das ist mir keinen Pfifferling wert« bringt möglicherweise zum Ausdruck, wie häufig er früher zu finden war. »Falscher Pfifferling« hingegen bezieht sich entweder auf das Fünf-Pfennig-Stück, das im südwestdeutschen Dialekt Pfifferle hieß, oder meint die Pilzart Falscher Pfifferling (Hygrophoropsis aurantiaca), ein dem Echten Pfifferling sehr ähnlich sehender Pilz, der zwar auch essbar ist, aber bei weitem nicht so gut schmeckt und bei empfindlichen Personen sogar leichte Magen-Darm-Beschwerden auslösen kann.

Wie viele andere Pilze geht der Pfifferling eine Symbiose mit dem Feinwurzelsystem von Bäumen ein. Bei dieser Partnerschaft versorgt das Pilzmyzel den Baum mit Wasser und Nährsalzen, besonders Stickstoff und Phosphat, die es wesentlich besser aus dem Boden lösen kann als die Pflanzenwurzeln. Mykorrhizapilze sind hingegen nicht in der Lage, komplexe Kohlenhydrate abzubauen und damit verwertbar für ihren Stoffwechsel aufzubereiten. Hier springt der Baum ein. Mithilfe der Photosynthese produziert er einfache Kohlenhydrate, mit denen er den Pilz ernährt. Zum Austausch der Stoffe ummantelt das Myzel des Pfifferlings die feinsten, noch nicht verkorkten Wurzelspitzen seines Baumes, die als Reaktion darauf anschwellen. Das Myzel wächst in die Zwischenzellräume seines Symbiosepartners und entwickelt dort ein ganzes Hyphennetz, das nach seinem Entdecker, dem deutschen Forstwissenschaftler Robert Hartig (1839-1901), Hartig'sches Netz heißt. Pflanzenwurzelspitzen bilden normalerweise feine Wurzelhaare aus, um besser Wasser und Nährstoffe aufnehmen zu können. Wenn sie in Mykorrhizasymbiose leben, ersetzen die Pilzhyphen diese Wurzelhaare. Die Pflanzenwurzeln sind als Nebeneffekt durch die Ummantelung gegen Infektionen durch Bakterien oder andere krankheitserregende Pilze geschützt. Ektomykorrhiza nennt man diese Form der Symbiose in Abgrenzung zur Endomykorrhiza, bei der die Pilzhyphen in die Zellen ihres Pflanzenpartners eindringen.

Pfifferlinge produzieren insektizid wirkende Inhaltsstoffe, die sie vor Fressfeinden schützen. Möglicherweise sind seine Fruchtkörper deshalb meist madenfrei.

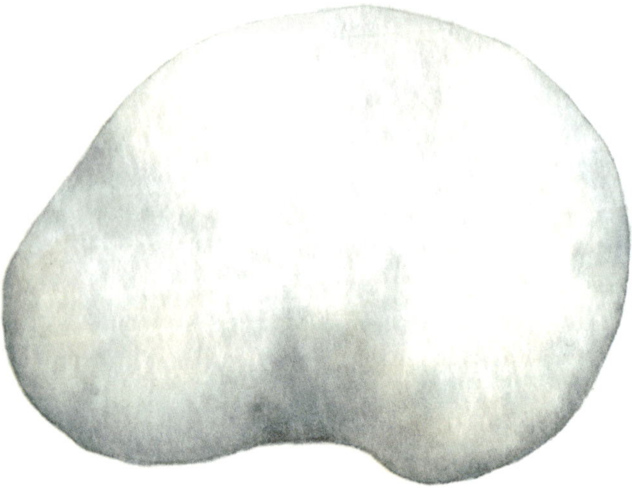

Riesenbovist

Synonyme: Apothekerschwamm, Bubenfist, Bubenwind, Purgierschwamm, Riesenstäubling, Wolfsfurz
Wissenschaftlicher Name: Calvatia gigantea (Batsch) Rostk.
Familie: Agariaceae (Champignonverwandte)
Heimat: Europa und Nordamerika
Standort: Saprobiont auf stickstoffreichen Wiesen, Weiden, Streuobstwiesen, in lichten Wäldern, standorttreu
Inhaltsstoffe: Calvacin, Calvatin

Beschreibung

Wer Riesenboviste finden möchte, sollte nach Brennnesseln Ausschau halten. Beide lieben stickstoffreichen Boden. Von Juni bis Oktober heben sich dort die Fruchtkörper der jungen Riesenboviste mit ihrer glatten weißen, ledrig-elastischen Oberfläche aus zwei Schutzhüllen eindeutig erkennbar vom Untergrund ab. Sie sind rundlich, stiellos und können auf 10 bis 50 oder sogar 200 Zentimeter Durchmesser und bis zu fünf, im besten Fall 25 Kilogramm Gewicht anwachsen. Wahre Giganten in der Pilzwelt. Am Grund sind diese Fruchtkörper mit den dicken Myzelsträngen verbunden, aus denen sie innerhalb von 9 bis 15 Tagen gewachsen sind, von denen sie sich mit zunehmender Reife aber ablösen. Dann verfärbt sich auch die Oberfläche über grüngelblich und olivbraun bis dunkelbraun, der Fruchtkörper wird zunehmend breiartig, die äußere Hülle löst sich auf, ein unangenehm harnartiger Geruch verbreitet sich. Voll ausgereift bleibt die Fruchtmasse, wissenschaftlich Gleba, als ausgetrockneter Haufen olivfarbener Sporen unter der inneren Hülle zurück, die papierdünn geworden ist. Dieses schwammartige Gebilde kann wochenlang bestehen bleiben, bis die innere Hülle reißt. Dann entweichen die Sporen hörbar. Bubenwind oder Bubenfist sind deshalb volkstümliche Bezeichnungen für den Riesenbovist. Ein einzelner Fruchtkörper bildet mehr als sieben Billionen Sporen. Riesenboviste gelten deshalb als die fruchtbarsten Organismen der Erde.

Verwendung

Junge, noch weiße Riesenboviste sind vorzügliche Speisepilze. Man entfernt die ledrige Oberfläche und schneidet die verbleibende, noch weiße Gleba in Scheiben, paniert diese und brät sie. Der Geschmack erinnert an Kalbsschnitzel oder Tofu. Geerntete Exemplare lassen sich bis zu zwei Tage im Kühlschrank lagern.

Die Fruchtkörper enthalten Calvacin und Calvatin, die in Laborversuchen tumorhemmende Wirkung zeigen. Der Pilz besitzt zudem gefäß- und kapillarwirksame Inhaltsstoffe. Die Traditionelle Chinesische Medizin setzt Sporen des Riesenbovists zur Blutstillung, bei eitrigen Wunden, Hämorrhoiden, Schwellungen, Entzündungen des Mundraums und Frostbeulen ein. Im Mittelalter wurden sie zur Wundheilung und innerlich wie äußerlich ebenfalls zur Blutstillung eingesetzt. Nasenbluten wie auch Regelblutungen gehörten zu den Einsatzgebieten. Selbst bei Amputationen verwendete man die Sporen, die mit dem Blut einen natürlichen, antibakteriellen Wundverschluss bildeten. Wegen seiner guten Heilwirkung bezeichnet die europäische Volksmedizin den Riesenbovist als Bovista chirurgorum. Ein Tee aus den Sporen soll gegen Entzündungen im Mund- und Rachenraum wirken. Die Homöopathie nutzt Zubereitungen der Sporen bei Blutungen, Blutarmut, Blutstauungen und Reizungen der Haut und Schleimhäute.

Wissenswertes

Der wissenschaftliche Name *Calvatia* leitet sich von lateinisch *calva* = Hirnschale, Schädel ab. *Gigantea* ist uns vertraut.

Wegen seiner Größe und seines hohen Proteingehalts von 50 Prozent bezeichnete der Volksmund im deutschen Kaiserreich den Riesenbovist als Beamtenschnitzel. Ein Fruchtkörper reichte aus, eine ganze Familie zu ernähren. Wenn nicht gar mehr. Einen der größten bekannten Riesenboviste fand man 1955 in Nordböhmen: Er wog mit 212 Zentimetern Umfang 20,8 Kilogramm und reichte aus, die Bewohner zweier Dörfer auf einem Fest zu sättigen. Noch größer war ein kanadischer Fund im Jahr 1987: 264 Zentimeter Umfang und 22 Kilogramm Gewicht.

Imker versetzten früher Riesenboviste in Schwelbrand und stellten sie neben den Bienenstöcken auf, um die Bienen zu beruhigen. Zudem verarbeitete man die Fruchtkörper zu Zunder, einem leicht brennbaren Material, das als Feueranzünder eingesetzt wird.

Satansröhrling

! GIFTIG !
Synonyme: Feuerpilz, Satanspilz, Teufelspilz
Wissenschaftlicher Name: Boletus satanas Lenz
Familie: Boletaceae (Dickröhrlingsverwandte)
Heimat: gemäßigte Klimazonen, in Europa eher im Süden zu finden
Standort: Mykorrhizapilz in Laubwäldern, vorwiegend unter Buchen
Inhaltsstoffe: Bolesatin, Muscarin

Beschreibung

Etwas furchterregend aussehende, seinem Namen gerecht werdende Fruchtkörper schiebt der Satansröhrling von Juli bis Oktober aus der Erde. Der bis zu 25 Zentimeter breite, halbkugelige bis unregelmäßig gewölbte, filzig behaarte Hut erinnert mit seiner anfänglich grauweißen Farbe an einen Schädel. Ältere, verkahlte und klebrig-schmierige Hüte verfärben sich grauoliv bis ocker-, lederfarben oder grünlich, auf jeden Fall nicht sehr ansehnlich. Umso leuchtender wirkt der bauchige, fast kugelige, bis zu 12 Zentimeter lange und bis zu zehn Zentimeter breite, netzartig gezeichnete Stiel, der wie mit rot-gelber Farbe übergossen schier in Flammen der Hölle zu stehen scheint. Passend dazu sind die hutunterseits sichtbaren Poren anfangs gelblich und später karminrot gefärbt. Sie verfärben sich bei Druck grünblau, ebenso der Stiel. Riechen Sie auch schon den Schwefeldampf? Das Fruchtfleisch riecht leicht nach Aas.

Verwendung

Der Satansröhrling ist giftig. Er verursacht schwere Magen-Darm-Störungen mit heftigem Erbrechen und Durchfall. Man durchlebt sechs bis zwölf Stunden lang Höllenqualen, aber mit absehbarem guten Ende: Tödlich wirkt er nicht. Die Naturheilkunde und die Traditionelle Chinesische Medizin nutzt den Satanspilz in potenzierter Form bei Wechselfieber, Leber- und Gallenleiden.

Wissenswertes

Der Gattungsname *Boletus* leitet sich von griechisch *bolos* = Knolle ab und könnte beim Satansröhrling den rundlichen Stiel beschreiben. Möglicherweise beruht die Begriffsbildung aber auf einem Irrtum, mehr dazu beim verwandten Steinpilz (Boletus edulis, S. 121). *Satanas* von lateinisch *satan* = Widersacher meint den Teufel.
Obwohl groß und auffällig, blieb der Satansröhrling bis 1830 unentdeckt. Der deutsche Naturhistoriker Harald Othmar Lenz (1798-1870) war es, der ihn auf unliebsame Art kennenlernte und ihm nach einer grauenvollen Nacht mit Magen-Darm-Problemen möglicherweise den Namen Satanspilz verpasste. Jedenfalls nahm er ihn unter diesem in seinem 1831 erschienenen Buch *Die nützlichen und schädlichen Schwämme, nebst einem Anhange über die isländische Flechte* auf. Als Schwämme bezeichnete man damals übrigens alle Pilze, nicht nur bestimmte Arten.
Der Satanspilz steht auf der Roten Liste der vom Aussterben bedrohten Arten. Ursache sind verschlechterte Umweltbedingungen, die insbesondere Mykorrhizapilzen zu schaffen machen. Die Deutsche Gesellschaft für Mykologie hat den Satanspilz 1999 zum Pilz des Jahres ernannt.

Schmetterlingstramete

Synonyme: Bunte Tramete, Coriolus, Schmetterlingsporling
Wissenschaftlicher Name: Trametes versicolor (Fr.) Pilat.
Familie: Polyporaceae (Stielporlingsverwandte)
Heimat: vermutlich weltweit vorkommend
Standort: saprobiontischer Holzbewohner oder Schwächeparasit, in Mitteleuropa in Wäldern vorwiegend auf Rotbuche, seltener auf Eiche, Birke, Gemeiner Hasel und Weide
Inhaltsstoffe: PSK (= Krestin) und PSP (beides Polysaccharid-Peptide), Sterine, z. B. Fungisterin und Egosterin (Vorstufen von Vitamin D), Dextran

Beschreibung

Die Fruchtkörper der Schmetterlingstramete findet man bei einem Waldspaziergang ganzjährig meist in großen Gruppen auf Totholz oder geschwächten Bäumen ziegelartig angeordnet. Das Myzel erzeugt Weißfäule, löst also die Holzstruktur auf. Die ledrigen Hüte der Fruchtkörper sehen wie halbkreis- oder nierenförmige Rosetten aus, die bis zu acht Zentimeter breit werden können. Sie sind sehr variabel in Braun- und Ockertönen, manchmal auch blauschwarz konzentrisch gebändert und mit einem weißen Saum eingefasst. Ihren Farbenreichtum soll sie Algen verdanken, die sich auf der Hutoberfläche ansiedeln. Die Oberfläche ist oft wellig und fühlt sich fein samtig an. Die Hüte, an einer etwa drei Millimeter breiten Stelle mit dem Holz verbunden, stehen ab, ein Stiel ist nicht auszumachen. Die Hutunterseite ist mit feinen, rundlich-eckigen Poren besetzt, die erst weißlich, später gelblich aussehen und Träger der sporenbildenden Schicht sind (Hymenium). Zwischen Hut und Poren be-

findet sich als Stützschicht die zähe, weiße Trama, die nach Pilz riecht und schmeckt. Neue Fruchtkörper wachsen vor allem im Juni bis August und überdauern ein Jahr.

Verwendung

Die Schmetterlingstramete ist zwar nicht giftig, aber ungenießbar. In China und Japan wird sie unter dem Namen Yun Zhi als Heilpilz geschätzt. Die Traditionelle Chinesische Medizin setzt sie als Konstitutionsmittel zur Energiesteigerung ein. Sie behandelt mit dem Pilz Menschen mit chronischen Krankheiten, insbesondere mit Lungenerkrankungen, aber auch immunschwache oder krebskranke Menschen. Infektionen und Entzündungen der oberen Atemwege, der Harn- und Verdauungsorgane gehören zum Einsatzgebiet, ebenso Leberleiden, einschließlich Hepatitis B. In Mexiko werden mit ihr Fadenpilzerkrankungen behandelt, zum Beispiel Bartmykose, Fußpilz und Ausschläge der Haut. Mehrere klinische Studien bestätigen die immunstärkenden und -stabilisierenden Fähigkeiten der Schmetterlingstramete, die mit den Inhaltsstoffen PSK und PSP in Zusammenhang gebracht werden. Sie hemmen das Wachstum von Tumorzellen und leiten ihren programmierten Zelltod ein. Krebspatienten vertrugen eine Chemotherapie besser, wenn sie begleitend Schmetterlingstrameten-Extrakte einnahmen.

Eine immunstärkende Kur kann man mit dem Pilz einfach selbst herstellen. Die in Streifen geschnittenen Hüte werden im Backofen bei etwa 60 °C getrocknet, dabei lässt man die Backofentür einen Spalt offen. Die trockenen Fruchtkörper lassen sich pulverisieren und luftdicht verschlossen aufbewahren. Aus dem Pulver lässt sich ein Tee zubereiten.

Wissenswertes

Der Gattungsname *Trametes* leitet sich vom lateinischen *trama* = Gewebe, Spinnweben ab. Mit *trama* bezeichnete man aber auch den beim Einschlag des Schussfadens angehobenen Kettenfaden am antiken Webbaum. Lateinisch *versicolor* bedeutet buntschillernd, die Farbe wechselnd.

Wenn sich Schmetterlingstrameten Stützbalken oder Bauholz als Substrat aussuchen, werden sie zum unliebsamen Schädling.

Früher verarbeitete man die Schmetterlingstramete zu Broschen. In Paris herrschte eine Zeit lang die Mode, sich diesen Schmuck an den Hut zu stecken. Auch die Floristik hat ihren Zierwert erkannt und verarbeitet sie in Blumengestecken. Mit der Schmetterlingstramete lassen sich außerdem Gewebe blaugrau einfärben.

Schopftintling

Synonyme: Porzellantintling, Spargelpilz, Tintenpilz, Tintenschopfling
Wissenschaftlicher Name: Coprinus comatus (O.F. Müll.) Gray
Familie: Coprinaceae (Tintlingsverwandte)
Heimat: Nördliche Hemisphäre
Standort: Saprobiont an Wegrändern und auf Wiesen, auch in Städten
Inhaltsstoffe: Lektine, L-Ergothionein, Fucogalactan, Vitamin C

Beschreibung

Die jungen, von April bis November erscheinenden, bis zu 14 Zentimeter hoch wachsenden Fruchtkörper des Schopftintlings sehen mit ihren feinen Schuppen auf der Hutoberseite überaus hübsch aus. Sie ähneln denen ihres Verwandten, des Faltentintlings (Coprinus atramentarius, S. 31), unterscheiden sich aber insbesondere durch die Farbe. Der Hut des Schopftintlings ist anfangs fast rein weiß, lediglich am Rand leicht beige oder rosa und an der Spitze rötlich bis bräunlich. Die Lamellen sind erst bei älteren Schopftintlingen zu erkennen, dann, wenn sich der zu Beginn glockenförmige Hut nach oben wölbt und schmutzig braun geworden ist. Jung sind die Lamellen weiß, später rosafarben und letztlich schwarz. Der Hut steht auf einem bis zu 20 Zentimeter langen Stiel, um den ein Ring liegt, der Rest des Velums, der Schutzhülle, die den jungen Pilz umgeben hat. Mit der Sporenreife beginnt der Hut, sich am unteren Rand schwarz zu verfärben und tropfenweise aufzulösen. Wie beim Faltentintling verbreiten sich mit dieser Masse die reifen Sporen. Das junge Fleisch des Fruchtkörpers ist weiß und weich.

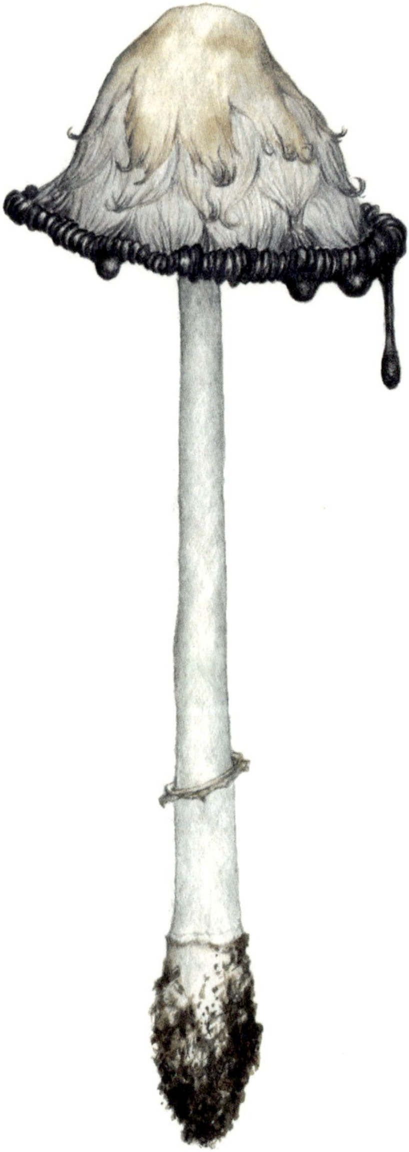

Verwendung

Junge Fruchtkörper des Schopftintlings schmecken sehr angenehm spargelartig, müssen allerdings rasch nach dem Sammeln gegessen werden, weil der Hut schnell zerfließt. Ein Gläschen Wein darf ruhig zu einem Schopftintlingsmahl gehören. Denn die immer wieder zu findende Aussage, er vertrage sich nicht mit Alkohol, ist falsch. Nur für den Faltentintling stimmt dieser Hinweis.

Auch medizinisch hat der Schopftintling einiges zu bieten. Die fernöstliche Heilkunde setzt ihn zur Förderung der Verdauung, gegen Hämorrhoiden und vor allem bei Diabetes ein. Er senkt den Blutzuckerspiegel und erhöht die Zuckertoleranz, sodass er Blutzuckerschwankungen ausgleicht. In Experimenten konnte man eine tumorhemmende Wirkung des Pilzes nachweisen. Die nur von Pilzen und einigen Mykobakterien synthetisierte Aminosäure L-Ergothionein ist stark antioxidativ und schützt Zellen vor Schädigungen.

Wissenswertes

Der Gattungsname *Coprinus* leitet sich vom griechischen *kópros* = Mist, Dung ab und bedeutet auf dem Mist wachsend. Der Namenszusatz *comatus* leitet sich vom lateinischen *coma* = Haar, Mähne ab. Sowohl der deutsche als auch der wissenschaftliche Name beschreiben die filzig-haarig wirkende Hutoberfläche.

Mit seinem Myzel kann der Schopftintling Nematoden fangen, in der Erde lebende Fadenwürmer. Er bildet kugelige Strukturen, deren dornige Auswüchse Toxine ausscheiden. Dieses Gift lähmt die Nematoden, in die das Myzel des Schopftintlings hineinwächst, um sie innerhalb weniger Tage zu verdauen.

In den 1970ern schaffte man es, den Schopftintling in Kultur zu nehmen. Unter dem Namen Spargelschopf wurde er vermarktet. Dass er dennoch nicht in den Kühlregalen der Supermärkte zu finden ist, liegt an seiner Eigenart, die Hüte rasant in schwarze Tinte zerfließen zu lassen. Seine Kultur bleibt etwas für Liebhaber. Übrigens lässt sich diese Autolyse, wie das Zerfließen wissenschaftlich heißt, verhindern, wenn man die frisch geernteten Pilze blanchiert und einlegt.

Spitzkegeliger Kahlkopf

Synonyme: Psilo, Psilocybinpilz, Zauberpilz, Magic Mushroom, Blue leg, Liberty cap, Kleines Zwergenmützchen, Narrenschwamm, Lanzenförmiger Düngerling
Wissenschaftlicher Name: Psilocybe semilanceata (Fr.) P. Kumm.
Familie: Strophariaceae (Träuschlingsverwandte)
Heimat: ursprünglich gemäßigte Klimaten Europas und Nordamerikas
Standort: auf Weiden mit alten natürlichen Dungablagerungen (besonders Schafweiden) sowie an grasigen und nährstoffreichen Stellen, aber nicht auf künstlich gedüngten Wiesen
Inhaltsstoffe: Psilocybin, Baeocystin

Beschreibung

Ein unscheinbarer Geselle ist der Spitzkegelige Kahlkopf, so klein, dass man ihn schier übersehen kann. Seine Fruchtkörper wachsen von August bis Oktober in Gruppen auf Viehweiden und an Wegrändern im Gras. Der maximal eineinhalb Zentimeter breit werdende glockige Hut ist hygrophan, das heißt, er ändert mit der Luftfeuchtigkeit seine Farbe. Bei Regen sieht er gelb- bis olivbraun aus, bei trockenem Wetter wirkt er ockerfarben bis lehmgelb. Der Hutrand ist nach innen gebogen, der oberste Punkt des Hutes zu einem Nippelchen zugespitzt. Die Lamellen auf der Hutunterseite sind bei jungen Fruchtkörpern hellbraun bis violettgrau, bei älteren rostbraun bis purpurn. Die bei Feuchtigkeit klebrigen Hüte stehen auf bis zu 12 Zentimeter hoch wachsenden feinen, hohlen Stielen, die nur einen bis drei Millimeter Durchmesser umfassen. Sie sind elastisch und biegen sich häufig zur Seite. An der Basis zeigen die ansonsten blass-

ocker-hellbraunen Stiele eine grünblaue Färbung, die auch durch Druck auf das Gewebe innerhalb einer Stunde entsteht. Das blasse Fleisch des Spitzkegeligen Kahlkopfs besitzt keinen ausgeprägten Geschmack oder Geruch.

Verwendung

Synonyme wie Zauberpilz verraten ihn. Der Spitzkegelige Kahlkopf zählt zu den halluzinogenen Arten. Das in ihm enthaltene Psilocybin wird nach Aufnahme im Organismus zur wirksamen Form Psilocin umgewandelt. Es ähnelt in seiner Struktur dem Neurotransmitter Serotonin, der eine stimmungsaufhellende bis euphorisierende, in höheren Konzentrationen aber auch halluzinogene Wirkung besitzt. Psilocin wirkt ähnlich wie LSD, es löst bereits in geringen Mengen Rauschzustände aus, etwa zehn Pilze wirken schon halluzinogen. In hoher Dosierung ist die Wahrnehmung verzerrt, Gleichgewichts- und Orientierungssinn sind gestört. Etwa 20 Minuten nach der Einnahme fangen oftmals die Augen an, leicht zu tränen. Farben werden intensiver wahrgenommen und Proportionen verzerren sich, bis sich das Umfeld in ein bewegtes Farbenmeer verwandelt. Ein Gefühl des Verschmelzens mit der Umgebung kann auftreten. Vergessene Erlebnisse treten wieder ins Bewusstsein, Hemmungen können fallen. Nach etwa fünf Stunden ist die Psilocybin-Wirkung abgeklungen.

Isoliertes Psilocybin wird innerhalb der umstrittenen psycholytischen Psychotherapie eingesetzt, eine Therapierichtung, die halluzinogene Substanzen nutzt, um Abwehrmechanismen des Patienten aufzulösen, die verhindern, dass er seine eigene Realität erkennt. Für den Einsatz dieser Therapie sprechen Untersuchungen an der Johns Hopkins University in Maryland. Die Forscher schickten freiwillige Testpersonen auf mehrere halluzinogene Trips mit Psilo-Pilzen. Noch ein Jahr nach den Versuchen waren die Probanden viel aufgeschlossener, großzügiger, fantasiereicher und hatten einen Sinn für Ästhetik entwickelt. Es sei allerdings vor Selbstversuchen gewarnt.

Wissenswertes

Der Gattungsname *Psilocybe* setzt sich aus griechisch *psilos* = nackt, bloß, kahl und *kýbe* = Kopf zusammen. Der Namenszusatz *semilanceata* beschreibt ebenfalls die Hutform. Lateinisch *lanceatus* heißt mit einer Lanzenspitze versehen. Warum diese Lanze als nur halb bezeichnet ist (lateinisch *semi* = halb), ist unklar.
Die Gattung Psilocybe umfasst weltweit ungefähr 150 Arten, von denen etwa die Hälfte Psilocybin enthält. Der Schweizer Chemiker Albert Hofmann (1906-2008), der durch seine Entdeckung des LSD bekannt wurde, identifizierte das Psilocybin bei Analysen mexikanischer Psilocybe-Arten. In Mexiko und Guatemala ist ihre Verwendung bereits seit Jahrhunderten bekannt, ebenso der Einsatz zu Heilzwecken. Innerhalb eines bestimmten Rituals hilft der Psilocybe-Pilz den Schamanen bei der Diagnose und Behandlung von Krankheiten. Es war eine Art Geheimkult, in die die mexikanische Schamanin Maria Sabina (etwa 1894-1985) aus dem Stamm der Mazateken Fremde erstmals 1955 einweihte. In der Nacht vom 29. auf den 30. Juni gab sie dem US-amerikanischen Pilzforscher Roger Gordon Wasson (1898-1986), Begründer der Ethnomykologie, und seiner Frau Valentina die Pilze innerhalb einer schamanistischen Sitzung zum Essen. Die Wassons schickten nach dieser Erfahrung Exemplare

des Pilzes an Albert Hofmann. Nachdem er Psilocybin als den Auslöser der Halluzinationen identifiziert hatte, fand er eine Methode, es synthetisch herzustellen. Sein Arbeitgeber Sandoz, ein Pharmaunternehmen in der Schweiz, vermarktete dieses synthetische Psilocybin für kurze Zeit unter dem Namen Indocybin als sogenannte Experimentalchemikalie und für den psychotherapeutischen Einsatz.
Erst 1963 entdeckte Albert Hofmann, dass nicht nur südamerikanische Psilocybe-Arten halluzinogen wirken, sondern dass mit dem Spitzkegeligen Kahlkopf ein solcher Vertreter auch in Europa gedeiht. Etwa seit dieser Zeit stieg das Interesse an den Psilos im deutschsprachigen Raum. Vor etwa 30 Jahren entwickelte sich in Deutschland, Österreich und in der Schweiz ein moderner Kult um diese Pilze, der mit der ursprünglichen, schamanistischen Verwendung nichts mehr zu tun hat. Die Medienwirksamkeit von Timothy Leary (1920-1996), einem umstrittenen US-amerikanischen Psychologen und Guru der Hippie-Bewegung, machte die Psilos weltweit bekannt. Leary setzte sich öffentlich dafür ein, bewusstseinsverändernde Drogen frei zugänglich zu machen, und erfuhr heftigen Widerstand. Psilocybinhaltige Pilze fallen heute in Deutschland unter das Betäubungsmittelgesetz. Sammeln, Anbau, Verkauf oder Besitz stehen unter Strafe. Weltweit verbietet die Single Convention der UN (Einheitsübereinkommen) das Sammeln wie den Konsum.

Fichten-Steinpilz

Synonyme: Edelpilz, Gemeiner Steinpilz, Herrenpilz
Wissenschaftlicher Name: Boletus edulis Bull.: Fr.
Familie: Boletaceae (Dickröhrlingsverwandte)
Heimat: Nordhalbkugel
Standort: Mykorrhizapilz, im europäischen Bergland vor allem mit Fichten, im Flachland mit Eichen und Buchen, daneben mit Kiefern, Birken, Tannen, Hainbuchen, Kastanien und Linden
Inhaltsstoffe: hoher Anteil an Proteinen, freien Aminosäuren und ungesättigten Fettsäuren; Ergosterolperoxid, Biopolymere (Polysaccharide, Glycoproteine)

Beschreibung

Wenn die Pilzsaison beginnt, ist er es, nach dem alle Ausschau halten: der Steinpilz, genauer gesagt der mit Fichten in Symbiose lebende Fichten-Steinpilz. Steinpilze bilden vielfältige Arten aus, zum Beispiel den Kiefer-Steinpilz (Boletus pinophilus) und Eichen-Steinpilz (Boletus reticulatus). Sie auseinanderzuhalten ist nicht leicht, weil Steinpilze vielfältige Rassen und Formen ausbilden. Schmackhaft sind sie aber alle. Die Fruchtkörper des Fichten-Steinpilzes wachsen von Juli bis Oktober in Nadelwäldern. Der oberseits braune Hut kann bis zu 25 Zentimeter breit werden. Anfangs halbkugelig, flacht er sich im Alter immer mehr ab. Die Oberfläche fühlt sich glatt und wildlederartig an, bei Feuchtigkeit auch mal schmierig. Auf der Unterseite sind die anfangs weißlichen, später grünlichen Röhren und Poren sichtbar. Der Hut thront auf einem bis zu 20 Zentimeter langen, hellbraunen Stiel, der je nach Alter an unterschiedlichen Stellen verdickt und mit einer feinen Netzzeichnung versehen ist. Das

feste Fruchtfleisch ist weiß, duftet angenehm und schmeckt mild und nussartig.
Der ebenso begehrte Maronen-Röhrling (Boletus badius) sieht dem Steinpilz zum Verwechseln ähnlich, unterscheidet sich aber durch zwei sichere Zeichen: Sein Stiel zeigt keine Netzzeichnung, und die Poren verfärben sich unter Druck blau.

Verwendung

Der Fichten-Steinpilz gehört wegen seines guten Aromas zu den beliebtesten Speisepilzen, hat aber auch ernährungsphysiologisch einiges zu bieten. Da er in Mykorrhiza-Symbiose mit Bäumen lebt, lässt er sich nicht in Kultur nehmen und ist entsprechend teuer.
Die Traditionelle Chinesische Medizin behandelt mit Steinpilzzubereitungen Durchblutungsstörungen, Muskelverspannungen, Gelenkbeschwerden und Magen-Darm-Erkrankungen. Wissenschaftliche Untersuchungen bestätigen dem Pilz entzündungshemmende, antivirale und tumorhemmende Eigenschaften.

Wissenswertes

Dass der Steinpilz, der seinen deutschen Namen seines festen Fleisches wegen erhalten hat, wissenschaftlich *Boletus* heißt, beruht auf einem Irrtum. Mit Boletus bezeichnete man den besten Speisepilz der Römer. Der Begriff leitet sich von griechisch *bólos* = Knolle ab. Mit Knollenbildung hat der Steinpilz aber nichts am Hut beziehungsweise Stiel. Und so vermutet man, dass der beste Speisepilz der Römer gar nicht der Steinpilz war, sondern der Kaiserling (Amanita caesarea), ein enger Verwandter des Grünen Knollenblätterpilzes (S. 47). Lateinisch *edulis* heißt essbar. Trotz der Namensverwirrung schätzten die Römer jedoch auch den Steinpilz bereits sehr als Bereicherung ihres Speiseplans. Und als Medizin. Ob Salben mit Steinpilzzubereitungen wirklich gegen Sommersprossen und Hundebisse halfen, wissen wir allerdings nicht.

Steinpilze gehören zu den Pilzen, die besonders stark Radioaktivität und Schwermetalle anreichern. Dass der Pilz nicht selber Schaden daran nimmt, verdankt er Phytochelatinen, die er als Reaktion auf solche äußeren Belastungen synthetisiert. Diese Polypeptide binden Schwermetalle an sich und werden in Vakuolen, durch eine Membran abgetrennte Bereiche der Zellen, gespeichert und dadurch unschädlich gemacht. Wenn wir belastete Pilze essen, setzt der Verdauungsprozess das Schwermetall wieder frei.

Mit dem Steinpilz lässt sich Wolle orange färben. Aber wer möchte schon solch einen köstlichen Pilz zum Färben vergeuden.

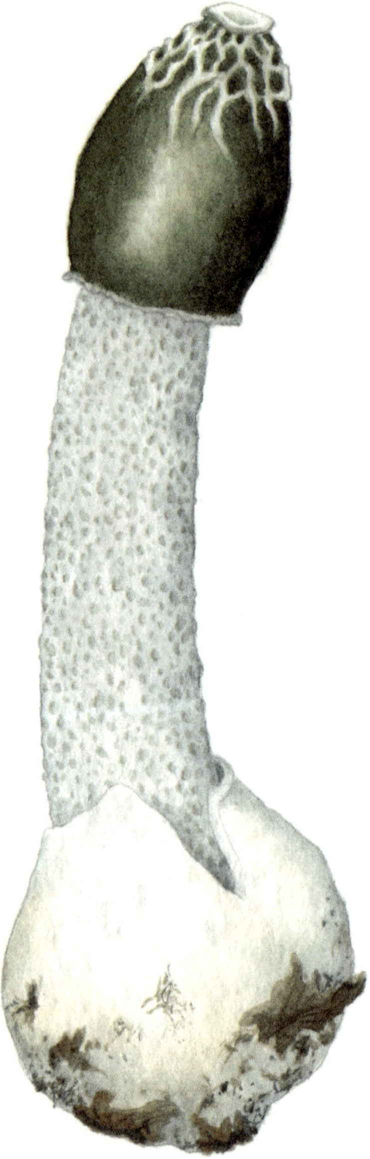

Stinkmorchel

Synonyme: Brunstkugel, Gichtmorchel, Hexenei, Leichenfinger, Rutenmorchel, Schamloser Schwamm, Schwanzmorchel
Wissenschaftlicher Name: Phallus impudicus L.: Pers.
Familie: Phallaceae (Stinkmorchelverwandte)
Heimat: Europa, Asien, Kanarische Inseln, Nord- und Südafrika, im Himalaja bis in Höhen von 3000 Meter
Standort: saprobiontischer Bewohner humusreicher Böden oder in der Nähe von morschem Holz
Inhaltsstoffe: Glucomannane

Beschreibung

Kein Wunder, dass sich um die Stinkmorchel so manche Mythen ranken. Da liegt scheinbar ein weißes Ei, etwa fünf Zentimeter im Durchmesser, knapp unter der Erdoberfläche verborgen. Und plötzlich wächst innerhalb von zwei bis drei Stunden ein penisartiges Gebilde mit schleimiger Spitze daraus hervor und stinkt erbärmlich nach Aas. Hexeneier heißen denn auch die ganz jungen, vom Velum umhüllten Fruchtkörper. Diese Schutzschicht ummantelt den Fruchtkörper, den das Myzel unterirdisch von Juni bis Oktober entwickelt. Im Querschnitt lassen sich darin bereits der weiße Stiel und der Hut erkennen, die ausgewachsen etwa 25 Zentimeter hoch werden. Die sporenbildenden Zellen umgeben den Hut mit der wabenartigen Struktur als olivbraune bis dunkelgrüne schleimige Schicht, die als Gleba bezeichnet wird. Die Hutspitze krönt eine weiße Scheibe. Wenn die Sporen reif sind, tropft die Gleba vom Hut. Mit ihrem Aasgeruch lockt sie zahlreiche Fliegen und Mistkäfer an, die die Gleba auffressen und so die reifen Sporen verbreiten.

Verwendung

Während wohl niemand auf die Idee käme, ausgewachsene Stinkmorcheln essen zu wollen, sind die Hexeneier sehr wohl genießbar und sollen, roh oder in Butter gebraten, rettichartig schmecken. Entfernt man das Velum, bleibt eine mattgraue, geschmacksneutrale Kugel übrig, die früher als Falsche Trüffel in Leberpasteten und Trüffelleberwurst verarbeitet wurde.

Früher verabreichte man Stinkmorcheln gegen Gicht. Heutige Untersuchungen attestieren ihnen hingegen, dass sie das Wachstum von Krebszellen stoppen können.

Wissenswertes

Phallus impudicus heißt übersetzt unzüchtiger Penis. In vielen Kulturen wurde der Begriff für Phallus und für Pilz synonym verwendet, Pilze waren die Phallen der Erde. Der deutsche Name Stinkmorchel verleitet uns zu der Annahme, sie sei mit der ähnlich aussehenden Speisemorchel (Morchella esculenta, S. 77) verwandt. Die beiden Arten gehören allerdings in ganz unterschiedliche Abteilungen: Die Stinkmorchel ist ein Ständerpilz und die Speisemorchel ein Strahlenpilz.

Wegen ihrer phallusartigen Gestalt nutzen viele Kulturen die Stinkmorchel als Aphrodisiakum. Hexeneiern sagte man nach, sie seien aus dem Samen der Hirsche gewachsen. In japanischen Tempeln sollte die Stinkmorchel kinderlosen Paaren zu Nachwuchs verhelfen. Was dem einen ein Aphrodisiakum, ist dem anderen Anstoß der Empörung. Henrietta Litchfield, geborene Darwin (1843-1927), eine Tochter des berühmten Naturforschers Charles Darwin (1809-1882), fürchtete so sehr um das Seelenheil junger Mädchen, dass sie in

den Wäldern ihrer Heimat systematisch die obszön aussehenden Fruchtkörper entfernte und in ihrem Kamin verbrannte. In früheren Jahrhunderten hätte sie diese Aktion möglicherweise das Leben gekostet. Frauen, die in Kontakt mit Stinkmorcheln kamen, galten als Hexen und kamen auf den Scheiterhaufen.
Ob nun fruchtbarkeitsfördernd oder nicht: Kraftvoll sind Stinkmorcheln allemal. Drei von ihnen sollen in der Lage sein, bei ihrem rasanten Wachstum ein Gewicht von 400 Kilogramm anzuheben.
Für den widerlichen Geruch der Stinkmorchel sind eine ganze Reihe aromatischer Verbindungen verantwortlich. Schwefelwasserstoff riecht nach faulen Eiern, Methylmerkaptan nach faulem Kohl, Phenylessigsäure steuert eine widerlich süße Komponente bei, während Acetaldehyd und Formaldehyd eine stechende Note dazugeben. Übrigens löste im Jahr 2005 in der Nähe von Dresden dieser Cocktail einen Polizeieinsatz aus. Ein Waldspaziergänger meinte, der aasartige Geruch müsse von einer Leiche herrühren, nachdem er auch noch eine herumliegende Herrenunterhose gefunden hatte.
Eine schlesische Sage begründet das Aussehen der Stinkmorchel mit dem Teufel. Dieser hätte, als er in übelster Laune war, sich ein altes Weiblein gepackt und in Stücke gerissen, die er wild um sich schmiss. Aus jedem dieser Stücke sei ein Pilz gewachsen, der genauso runzelig aussah wie das Gesicht der alten Frau.
Ein Aberglaube brachte Stinkmorcheln mit den Toten in Zusammenhang. Wenn sie auf Gräbern wuchsen, sollte dies eine Mahnung der Verstorbenen sein, die ein ungesühntes Verbrechen mit in das Grab genommen hätten. Leichenfinger hieß der Pilz in diesen Fällen.

Gemeiner Tiegelteuerling

Synonyme: keine bekannt
Wissenschaftlicher Name: Crucibulum laeve (Huds.) Kambly
Familie: Agariaceae (Champignonverwandte)
Heimat: weltweit
Standort: Saprobiont auf totem Holz oder anderem Pflanzenmaterial, in Wäldern, Gärten und auf Wiesen
Inhaltsstoffe: Salfredrine

Beschreibung

Kaum zu glauben, aber auch so kann ein Pilz aussehen: wie ein kleines Schälchen voller Linsen oder Kekse. Noch unglaublicher ist, dass der Tiegelteuerling mit dem Champignon verwandt ist. Frühere Taxonomen ordneten ihn in der Nähe der Stinkmorchel ein, genetische Untersuchungen haben das nun widerlegt. Doch versuchen wir, im von Juni bis Oktober auf totem Holz fruchtenden Tiegelteuerling die Merkmale eines Pilzes zu finden. Noch jung, sitzen die bis zu einem Zentimeter groß werdenden Fruchtkörper wie kleine, weißfilzig behaarte Kugeln auf dem Holz. Im Wachstum entfalten sie sich über tönnchen- zu tiegelförmigen Gebilden, die sich gelbbraun verfärben und mit einem an Crème brûlée erinnernden Deckel verschlossen sind. Im Inneren liegen 8 bis 15 weiße, linsenförmige, nur einen bis eineinhalb Millimeter große Gebilde, sogenannte Peridiolen. Sie bestehen aus sporenbildendem Gewebe und sind mit Hilfe von klebrigen Myzelsträngen an der Innenwand des Bechers befestigt, sie entsprechen dem Fruchtfleisch des Pilzes. Sind die Sporen ausgereift, reißt der Deckel des Tiegelchens auf. Nun spritzen die Peridiolen von Regentropfen getroffen hinaus und bleiben mit ihren Klebfäden an Pflanzen der Umgebung haften. Oder ein Vogel lässt sich durch sie täuschen und pickt sie auf, weil er sie für köstliche Samen hält. Die Sporen durchlaufen unbeschadet sein Verdauungssystem und landen samt einer Portion Dünger auf einem neuen Standort. Die leeren, zähen Tiegel, die mittlerweile schwarzbraun verfärbt sind, lassen sich noch lange auf dem Holz finden.

Verwendung

Tiegelteuerlinge nehmen als Zersetzer organischer Stoffe, insbesondere des schwer verdaulichen Holzes, eine wichtige Rolle im Ökosystem ein. Ohne solche Saprobionten wäre ein Stoffkreislauf und damit Leben auf der Erde nicht denkbar. Oberflächlich gesehen ohne Nutzen, weil nicht essbar, hat der Tiegelteuerling doch eine überaus wichtige Bedeutung für den Menschen und wurde deshalb von der Deutschen Gesellschaft für Mykologie 2014 zum Pilz des Jahres erkoren.

Forscher haben ein Molekül namens Salfredrin aus dem Tiegelteuerling isoliert, das Aldosereduktase hemmt, ein Enzym, das bei Diabetes-Patienten indirekt Schäden in den Nieren, den Augen und an den Nerven verursacht. Die Traditionelle Chinesische Medizin verschreibt den Pilz bei Magenschmerzen.

Wissenswertes

Der wissenschaftliche Name setzt sich aus mittellateinisch *crucibulum* = kleines Nachtlicht, irdenes Gefäß, Schmelztiegel und *laevis* = glatt zusammen. Der deutschen Bezeichnung Teuerling liegt eine ziemlich gute Beobachtungsgabe zugrunde. Die Teuerlinge gedeihen besonders gut in regenreichen Jahren. Die wiederum sind der Getreideernte nicht zuträglich, so dass die Brotpreise steigen. Die findigen Naturbeobachter, die in den Peridiolen Geldstücke zu erkennen meinten, lasen am Teuerling also die Teuerungsrate ab. Je mehr »Geldstücke« in den Tiegelchen lagen, desto mehr mussten sie für Brot ausgeben.

Perigord-Trüffel

Synonyme: Schwarze Trüffel
Wissenschaftlicher Name: Tuber melanosporum Vittad
Familie: Tuberaceae (Trüffelverwandte)
Heimat: südliches Zentralfrankreich
Standort: Mykorrhizapilz, vorwiegend an Eichen
Inhaltsstoffe: Vitamine B, D und K

Beschreibung

Trüffeln gehören wie die nahe verwandte Speisemorchel (S. 77) zu den Schlauchpilzen. Ihre Fruchtkörper sehen wie verbeulte Knollen aus. Und die entwickeln sich auch noch für den Betrachter weitestgehend unsichtbar in der Erde. 86 Arten umfasst weltweit die Gattung der Trüffeln, zu der einige der teuersten Speisepilze zählen, zum Beispiel die hier näher betrachtete Perigord-Trüffel, die in den Restaurants meistens als Schwarze Trüffel angepriesen wird. Ihr Myzel geht eine Mykorrhizasymbiose ein, vorwiegend mit Eichen. Zu deren Füßen lassen sich von November bis März in einer Tiefe bis zu 50 Zentimeter die zwei bis zehn Zentimeter großen, unregelmäßig kugeligen Fruchtkörper ausgraben, deren Fruchtfleisch von einer schwarzbräunlichen, mit warzenartigen Höckern besetzten Rinde umhüllt ist. Die fleischig-zähe Fruchtmasse ist anfangs weißlich gefärbt. Mit zunehmendem Alter wird sie schwarzbräunlich und ist dicht von weißlichen Adern durchzogen. Was man da sieht, ist ein kunstvoll gefältetes Hyphengeflecht, das eine möglichst große Oberfläche für die sporentragende Schicht erzeugt. Die Trüffel gehört damit zu den wenigen Pilzen, die keine möglichst gut exponierten Trägerstrukturen entwickeln, die die

Sporen bestmöglich in alle Richtungen verteilen. Vielmehr reifen diese gut verschlossen unter der Erde. Und dann? Den starken Trüffelduft lieben nicht nur wir Menschen, sondern ebenso Wildschweine. Verantwortlich dafür ist der Duftstoff Androsteron, der dem Sexualduftstoff des Ebers gleicht. Weibliche geschlechtsreife Schweine graben unwiderstehlich angezogen nach dem vermeintlichen Eber und fressen den Pilz auf. Nach dem Verzehr scheiden sie die unverdauten Sporen zusammen mit ihrem düngenden Kot aus. Die Trüffelfliege legt ihre Eier, dem Duft folgend, im Boden direkt über dem Fruchtkörper ab. Ihre Larven ernähren sich von diesem und scheiden die Sporen ebenfalls aus.

Verwendung

Für die schwarzen Diamanten der Küche, wie sie in Frankreich heißen, greifen Liebhaber tief in die Tasche. Die Schwarze Trüffel ist nach der aus dem Piemont stammenden Weißen Trüffel (Tuber magnatum) der weltweit teuerste Speisepilz. Beide erreichen mitunter Preise, die über denen von Gold liegen. Während der zarte und edle Geschmack der Weißen Trüffel am besten zur Geltung kommt, wenn man sie roh über eine Mahlzeit hobelt, entfaltet die Schwarze Trüffel ihr kräftiges Aroma erst nach dem Garen. Da sich die Fruchtkörper frisch nicht lange halten, werden sie auf unterschiedliche Weisen konserviert, auch wenn dabei der unvergleichliche Geschmack nachlässt. In Gläsern eingekocht, zu Pasten verarbeitet, als Essenz oder Saft findet man sie auf dem Markt. Allerdings ist bei diesen Produkten Vorsicht geboten. Oft sind diese mit minderwertigen Trüffelarten wie der Sommertrüffel (Tuber aestivum) und der Chinesischen Trüffel (Tuber indicum oder Tuber himalayensis) gestreckt.

Wissenswertes

Der Gattungsname *Tuber* stammt aus dem Lateinischen und bedeutet übersetzt Anschwellung oder Auswuchs am Körper, im Sinne von Buckel oder Beule. Der Namenszusatz *melanosporum* aus griechisch *mélas* = schwarz und *sporá* = Saat beschreibt die Farbe der reifen Sporen. Bevor die deutsche Sprache den französischen Begriff *truffe* übernommen hat, waren Bezeichnungen wie Nusspilz, Erdmorgeln, Erdschwämme, Grieblinge oder Erdnüsse in Gebrauch. Nicht sehr spezifisch klingende Namen. Doch auch mit dem Wort Trüffel bezeichnet der Volksmund viele Pilze, die ihre Fruchtkörper unterirdisch ausbilden oder knollenartig aussehen: so zum Beispiel die Hirschtrüffel-Arten (Elaphomyces spp.). Auch Böhmische Trüffeln (Psisolithus arhizos, Gemeiner Erbsenstreuling) oder Polnische Trüffeln (Scleroderma spp., Kartoffelboviste) haben mit echten Trüffeln nichts zu tun. Trüffel steht eher synonym für Knolle. Sogar das Wort Kartoffel leitet sich vom italienischen *tartufo* für Trüffel ab.

Aristoteles berühmter Schüler Theophrast (ca. 300 v. Chr.) war vermutlich der erste Grieche, der Pilze schriftlich erwähnte. In seiner *Historica plantarum* beschrieb er die Trüffel als »ohne Wurzeln, Stamm, Zweige, Blätter, Blüten oder Früchte, ohne Rinde, Mark, Fasern noch Adern«. Er zeichnete damit ein Negativbild stellvertretend für alle Pilze, das sich viele Jahrhunderte hielt. Dennoch schätzten die Römer und Griechen der Antike Trüffeln, wobei sie die in eine andere Familie gehörenden Wüstentrüffeln auf den Speiseplan setzten, zum Beispiel die afrikanische oder Löwentrüffel (Terfezia leonis). Das älteste erhaltene Kochbuch der römischen Antike, das *De re coquinaria* (Über die Kochkunst) aus dem dritten oder vierten Jahrhundert, widmete sich aus-

führlich der begehrten Delikatesse. Der griechische Arzt Galen (ca. 129-199) sagte ihr eine aphrodisierende Wirkung nach, weshalb römische Ärzte sie gegen Impotenz verschrieben. Sie war der Liebesgöttin Venus gewidmet. Vielleicht verteufelte deshalb das Hochmittelalter Trüffeln als Inbegriff der Sünde. In der Renaissance aber durften sie wieder auf keiner vornehmen Tafel fehlen. Weiße und Schwarze Trüffeln waren damals bereits so wertvoll, dass man sie als Geschenk für hohe Persönlichkeiten angemessen hielt, unter anderem für Lucrezia Borgia und für Papst Julius II.
Als im 18. Jahrhundert der Export französischer Schwarzer Trüffeln überhandnahm und die Bestände schwanden, begannen findige Bauern in Südfrankreich, den Pilz in Baumkulturen zu züchten. Als Symbiosepartner eignen sich neben den Eichen Haselsträucher, Kirschbäume und andere Laubbäume. Für die Kultur infiziert man die Wurzeln junger Bäume mit dem Myzel, bevor man sie pflanzt. Bis der Baumbesitzer die Trüffeln ernten kann, vergehen vier bis zehn Jahre. Wenn es so weit ist, findet er die begehrten Fruchtkörper mit Hilfe von Trüffelhunden, die auf den Duft des Pilzes abgerichtet sind. Auf Trüffelschweine verzichtet man heute, weil sie in ihrem wilden Liebestaumel zu großen Schaden am Wurzelwerk der Wirtsbäume anrichten und kaum davon abzuhalten sind, die gefundene Delikatesse sofort zu fressen. Auf Sardinien werden bis heute Ziegen für die Suche eingesetzt. Ein erstes Indiz, einen Baum mit Trüffelpartner gefunden zu haben, liefert übrigens eine fast vegetationsfreie Fläche um den Baumstamm herum, die als verbrannte Erde, französisch Brûlée bezeichnet wird. Sie rührt daher, dass die Trüffel an den Wurzeln anderer Pflanzen parasitiert und sie absterben lässt. Auch der Trüffelduft behagt manchen

Pflanzen nicht, er verursacht ihnen solchen Stress, dass sie nur vor sich hin kümmern.

Wetterstern

Synonyme: keine bekannt
Wissenschaftlicher Name: Astraeus hygrometricus (Pers.: Pers.) Morgan
Familie: Sclerodermataceae (Kartoffelbovistenverwandte)
Heimat: weltweit
Standort: Mykorrhizapilz, hauptsächlich mit Kiefern in Symbiose lebend
Inhaltsstoffe: Heteroglucan, Triterpene

Beschreibung

Wasserscheu? Im Gegenteil. Die Fruchtkörper des zu den Bauchpilzen gehörenden Wettersterns öffnen sich ganz dem nassen Element. Und das ist wörtlich zu verstehen. Sie entwickeln sich zunächst fast unsichtbar knapp unter der Erdoberfläche, nur ihre oberste Spitze schaut gerade eben heraus. Sie sind eng mit den Bovisten verwandt. Wie bei diesen besteht die bis zu zehn Zentimeter groß werdende, kugelige Frucht aus zwei Hüllen, die das sporenbildende Gewebe umgeben, die sogenannte Gleba. Ist in ihr die Sporenmasse herangereift, geht es darum, sie aus dem kugeligen Gebilde zu entlassen. Bei feuchter Witterung reißt die äußere Hülle des Fruchtkörpers sternförmig auf und öffnet sich wie eine Knospe. Sie gibt den Blick auf die innere Hülle frei, die auf dem Scheitelpunkt eine kleine Öffnung besitzt. Der Wetterstern hat sich nun auf die Erdoberfläche hochgeschoben und liegt dort gut sichtbar mit dem braunweiß gebänderten Muster auf den aufgeklappten Sternen wie eine exotische Blume. Aber warum bei Regenwetter? Trifft ein Regentropfen die innere, pergamentartige Hülle, stäuben die reifen Sporen hinaus wie aus einem Blasebalg. Ist das Wetter trocken, klappt sich die äußere Hülle wieder über der inneren Hülle zusammen.

Verwendung

Selbst getrocknete Fruchtkörper des Wettersterns klappen ihre äußere Hülle auf, sobald die Luftfeuchtigkeit steigt. Deshalb nutzten die Menschen ihn lange Zeit als zuverlässiges Hygrometer.

In Asien einschließlich Nepal und Südbengalen zählt der Wetterstern zu den Speisepilzen, in Indien findet man ihn auf den Märkten. Allerdings ist nicht ganz eindeutig, ob es sich immer um *Astraeus hygrometricus* handelt oder nicht um eine andere *Astraeus*-Art. Wie dem auch sei, Forscher haben Untersuchungen zum Gesundheitswert des *Astraeus hygrometricus* angestellt. Ein aus ihm isoliertes Heteroglucan wirkt immunzellstimulierend und tumorhemmend. Triterpene zeigen antimykotische, ein weiterer Extrakt antioxidative, entzündungshemmende und leberschützende Wirkungen. Die Traditionelle Chinesische Medizin setzt den Pilz zur Blutstillung ein, während zwei Volksgruppen in Indien die Sporen in Brandsalben verarbeiten sollen.

Wissenswertes

Die Übersetzung des wissenschaftlichen Namens aus griechisch *astraîos* = sternartig, *hygrós* = feucht und *metrân* = messen lautet passenderweise feuchtigkeitsmessender Stern.

Die amerikanischen Blackfeet-Indianer sahen in den Wettersternen Zeichen übernatürlicher Kräfte, die Sterne vom Himmel fallen ließen, und bezeichneten sie deshalb als Gefallene Sterne.

Die Deutsche Gesellschaft für Mykologie ernannte den Wetterstern zum Pilz des Jahres 2005, um damit auf eine der bizarrsten Erscheinungen im Pilzreich aufmerksam zu machen.
Liebenswerte, nicht verwandte Doppelgänger des Wettersterns sind die seltenen Erdsterne (Geastrum), die in Mitteleuropa mit etwa 25 Arten vorkommen. Auch ihre Fruchtkörper bestehen aus zwei Hüllen, von denen sich die äußere sternförmig aufklappt, sobald die Sporen gereift sind. Allerdings schließen sich die Sternenarme nicht wieder.

Zunderpilz

Synonyme: Chirurgieschwamm, Wundschwamm, Zunderschwamm
Wissenschaftlicher Name: Fomes fomentarius (L.) J. J. Kickx
Familie: Polyporaceae (Stielporlingsverwandte)
Heimat: nördliche Hemisphäre
Standort: Schwächeparasit und Saprobiont an Laubhölzern, in Mitteleuropa hauptsächlich auf Rotbuche, danach Birken und Pappeln
Inhaltsstoffe: Beta-Glucane

Beschreibung

Die Fruchtkörper des Zunderschwamms lassen sich besonders bei Spaziergängen durch alte, eher naturbelassene Wälder bestaunen. Konsolenartig und holzig hart stehen sie von toten oder geschwächten Holzstämmen mit Verletzungen ab, über die der Pilz in den Baum eingedrungen ist. Das Myzel baut das Lignin des Holzes ab, von dem es sich ernährt, und verursacht Weißfäule. Die krustige Oberseite der Fruchtkörper ist hell- bis dunkelgrau gebändert, im Alter möglicherweise fast schwarz. An der Unterkante wächst der Fruchtkörper mehrmals im Jahr nach, erkennbar sind die jungen Bereiche durch ihre gelbe bis rostbraune Färbung. Kippt ein Holzstamm samt Zunderschwamm um, wächst der Pilz wieder an der erdzugewandten Seite, also möglicherweise um 90 Grad versetzt zum bis dahin gewachsenen Fruchtkörper. Die Unterseite besteht aus einer glatten Porenschicht, die grau bis ockerfarben ist. Auf Druck verfärben sich die dickwandigen, rundlichen Poren leicht braun. Sie sind die Ausgänge von Röhren, die ebenfalls in mehreren Schichten gewachsen sind und die sporenbildende Schicht tragen. In seinem Kern ist der Fruchtkörper weich gefüllt mit dem weißlich marmorierten Myzel, das von der korkartigen, hellbraunen Trama umgeben ist, dem Fruchtfleisch des Baumpilzes. Bis zu 30 Jahre alt können Zunderschwämme werden, dennoch erreichen sie selten eine Breite von mehr als 60 Zentimetern. Mit zunehmendem Alter nimmt das Wachstumstempo ab, weil sich die Nährstofflage verschlechtert.

Verwendung

Bis ins 19. Jahrhundert hinein boten Apotheken das Fruchtfleisch des Zunderschwamms unter der Bezeichnung *Fungus chirurgorum* (Wundschwamm) als blutstillende, entzündungshemmende und wundheilende Wundauflage an. Die Nachfrage nach ihm war in Deutschland phasenweise so stark, dass der Zunderschwamm in den Wäldern rar zu werden begann und man ihn aus Skandinavien, Böhmen und Ungarn importieren musste. Mit Pflastern und moderner Desinfektion geriet der Wundschwamm in Vergessenheit. Seine Renaissance erlebte er Ende der 1990er Jahre durch erfolgreiche Versuche, aus ihm einen Wundpuder herzustellen. Neben den wundheilenden Eigenschaften fand man eine gute Wirksamkeit des Puders gegen Hautpilzerkrankungen mit *Candida albicans*. Die Wirkung lässt sich mit Beta-Glucanen in Zusammenhang bringen, die der Zunderpilz enthält. Diese Polysaccharide unterstützen das Immunsystem, wirken Entzündungen entgegen und hemmen das Wachstum von Tumorzellen. Außerdem senken sie sowohl den Cholesterin- als auch Blutzuckerspiegel und reduzieren dadurch das Risiko von Herz-Kreislauf-Erkrankungen. Die Traditionelle Chinesische Medizin verwendet Zunderschwamm unter anderem bei Lungen- und Magenerkrankungen.

Wissenswertes

Der wissenschaftliche Name *Fomes fomentarius* geht auf lateinisch *fomitis* = Zunder zurück, was sich wiederum vom lateinischen *fomentum* = wärmender Umschlag und *fovere* = wärmen, hegen ableiten lässt. Und tatsächlich hatte der Pilz bereits im Mesolithikum (7000-8000 v. Chr.) in Europa, als die Menschheit begann, sesshaft zu werden, Bedeutung als Feueranzünder. Man verwendete das korkige Fruchtfleisch des Zunderschwamms, die Trama, als Zunder.

Für die Zunderherstellung wurde die herausgelöste Trama eingeweicht, gekocht, geklopft, in Urin oder Salpeterlösung eingelegt und anschließend getrocknet. Das Resultat war eine rehbraune, filzige Masse, die durch Funken sofort anfing zu glimmen. Die recht widerstandsfähige Trama indes wurde zu Kleidung verarbeitet; in Rumänien findet man noch heute Kappen, Hüte, Taschen und andere Dinge aus dem Material.

An der bayerisch-österreichischen Grenze kohlte man Zunderpilze im Osterfeuer an, bestreute sie mit Weihrauch und räucherte damit Haus und Stall aus. Die Chanten Westsibiriens räucherten auf ähnliche Weise das Haus Verstorbener sowie die Trauergäste, damit der Tote keinen Einfluss mehr auf die Lebenden ausüben konnte.

Die Deutsche Gesellschaft für Mykologie ernannte den Zunderschwamm 1995 zum Pilz des Jahres. Ein Forschungsinstitut in Berlin untersucht die vielfältigen Einsatzmöglichkeiten des Pilzes. Aus der entsprechend aufbereiteten Trama versucht eine Arbeitsgruppe des Instituts Windeln herzustellen, weil das Material stark saugfähig ist. In einem weiteren Versuch setzte die Arbeitsgruppe einen aus der Zellwand des Zunderschwamms isolierten Komplex aus Beta-

Glucan, Chitin und Melanin als Nahrungsergänzungsmittel ein. In Kosmetika soll er die Haut positiv beeinflussen. Das schwammartige Pilzinnere zur Wasserreinigung insbesondere von Industrieabwässern einzusetzen gehört ebenfalls zu den Untersuchungen. Wie viele andere Pilze besitzt auch der Zunderpilz die Eigenart, Schwermetalle stark an sich zu binden. Das hängt im Übrigen damit zusammen, dass Pilzzellwände Chitin enthalten. An diesem Polysaccharid, das viele freie Bindungsstellen besitzt, lagern sich besonders gut Metallionen an.

Register

Affenkopfpilz ... 57
Agaricus bisporus ... 19
Agarikon ... 73
Amanita muscaria ... 35
Amanita phalloides ... 47
Angerling ... 19
Apothekerschwamm ... 73, 101
Armillaria mellea ... 51
Ästiger Porling ... 27
Astraeus hygrometricus ... 139
Auricularia auricula-judae ... 61
Austernpilz ... 15
Austernseitling ... 15
Boletus edulis ... 121
Boletus satanas ... 105
Brunstkugel ... 125
Bubenfist ... 101
Bubenwind ... 101
Bunte Tramete ... 107
Calvatia gigantea ... 101
Cantharellus cibarius ... 95
Champignon ... 19
Chinesische Morchel ... 61
Chirurgieschwamm ... 143
Chorei ... 27
Claviceps purpurea ... 83
Coprinus atramentarius ... 31
Coprinus comatus ... 111
Coriolus ... 107
Cortinarius orellanus ... 89
Crucibulum laeve ... 129
Echter Pfifferling ... 95
Echter Reizker ... 23
Edelpilz ... 121
Edelreizker ... 23
Egerling ... 19
Eichhase ... 27
Eierschwamm ... 95
Engelsbrot ... 83
Faltentintling ... 31
Fette Henne ... 69
Feuerpilz ... 105
Fichten-Steinpilz ... 121
Fliegenpilz ... 35
Fliegenteufel ... 35
Fomes fomentarius ... 143
Ganoderma lucidum ... 41
Gemeiner Klapperschwamm ... 65
Gemeiner Tiegelteuerling ... 129
Gichtmorchel ... 125
Glänzender Lackporling ... 41
Grauer Faltentintling ... 31
Grifola frondosa ... 65
Grüner Giftwulstling ... 47
Grüner Knollenblätterpilz ... 47
Hahnsporn ... 83
Hallimasch ... 51
Hanabiratake ... 69
Hautkopf, Orangefuchsiger ... 89

Henne der Wälder ... 65
Hericium erinaceus ... 57
Herrenpilz ... 121
Hexenei ... 125
Holunderschwamm ... 61
Honiggelber Hallimasch ... 51
Hygrocybe psittacina ... 93
Igel-Stachelbart ... 57
Judasohr ... 61
Kalbfleischpilz ... 15
Klapperschwamm ... 65
Knollenblätterpilz, Grüner ... 47
Knotentintling ... 31
Korallenpilz ... 57
Krause Glucke ... 69
Krötenstuhl ... 35
Lackporling, Glänzender ... 41
Lactarius deliciosus ... 23
Lärchenschwamm ... 73
Laricifomes officinalis ... 73
Laubporling ... 65
Leichenfinger ... 125
Ling Zhi ... 41
Löwenmähne ... 57
Magic Mushroom ... 115
Maitake ... 65
Morchel ... 77
Morchel-Bockpilz ... 69
Morchella esculenta ... 77
Mu-Err ... 61
Muschelpilz ... 15
Mutterkornpilz ... 83
Narrenschwamm ... 35, 115
Ohrlappenpilz ... 61
Orangefuchsiger Hautkopf ... 89
Orangefuchsiger Raukopf ... 89
Orangefuchsiger Schleierling ... 89
Papageien-Saftling ... 93
Papageigrüner Saftling ... 93
Perigord-Trüffel ... 133
Pfifferling ... 95
Phallus impudicus ... 125
Pilzkönig ... 69
Pleurotus ostreatus ... 15
Polyporus umbellatus ... 27
Pom-Pom blanc ... 57
Porzellantintling ... 111
Psilocybe semilanceata ... 115
Psilocybinpilz ... 115
Purgierschwamm ... 73, 101
Purpurbrauner Mutterkornpilz ... 83
Rabenbrot ... 35
Raukopf, Orangefuchsiger ... 89
Rehling ... 95
Reishi ... 41
Reizker, Echter ... 23
Riesenbovist ... 101
Riesenstäubling ... 101
Rundmorchel ... 77
Rutenmorchel ... 125
Saftling, Papageigrüner ... 93
Satanspilz ... 105
Satansröhrling ... 105
Schamloser Schwamm ... 125

Schleierling, Orange-
fuchsiger ... 89
Schmetterlingsporling ... 107
Schmetterlingstramete ... 107
Schopftintling ... 111
Schwanzmorchel ... 125
Schwarze Trüffel ... 133
Sparassis crispa ... 69
Spargelpilz ... 111
Spatelhütiger Porling ... 65
Speisemorchel ... 77
Spitzkegeliger Kahl-
kopf ... 115
Stachelbart ... 57
Steinpilz ... 121
Stinkmorchel ... 125
Stuppling ... 51
Teufelsklaue ... 83
Teufelspilz ... 105
Tiegelteuerling ... 129
Tintenpilz ... 111
Tintenschopfling ... 111
Todtenkorn ... 83
Tollkorn ... 83
Trametes versicolor ... 107
Trüffel ... 133
Tuber melanosporum ... 133
Wenzelspilz ... 51
Wetterstern ... 139
Wolfsfurz ... 101
Wolkenohrenpilz ... 61
Wundschwamm ... 143
Yamabusitake ... 57
Zhu Ling ... 27
Zucht-Champignon ... 19
Zunderpilz ... 143
Zunderschwamm ... 143
Zweisporiger Egerling ... 19

Alles, was Sie über Heilpflanzen wissen wollen

Was hat die Rosskastanie mit Pferden zu tun? Wie schafft es Sauerklee, seine Samen mehr als zwei Meter weit wegzuschleudern? Und wie wird aus der hochgiftigen Tollkirsche eine wichtige Heilpflanze?
Das sind nur einige der Fragen, die *Das kleine Heilpflanzenbuch* in 45 Porträts beantwortet, in denen es neben der botanischen Betrachtung und medizinischen Verwendung um Geschichtliches und Sagenhaftes geht. Liebevoll detailreiche Aquarelle illustrieren die beschriebenen Pflanzen, die alle im europäischen Raum zu Hause sind.

Catrin Cohnen, Das kleine Heilpflanzenbuch. Mit Illustrationen von Diana Lawniczak. In Zusammenarbeit mit der WALA Heilmittel GmbH. insel taschenbuch 4283. 222 Seiten

NF 194/1/07.14

NF 195/1/07.14

Für alle, die dem Alltagsstress entfliehen wollen

»Glauben Sie niemandem, der sagt, es sei einfach, Gemüse anzubauen. Das ist eine dreiste Lüge.« Tom Hodgkinson erzählt vom Leben auf dem Land: Er hält Hühner, Schweine und Kaninchen, und seine Frau Victoria versucht sich als Imkerin, backt Brot und stampft Butter. Sie brauen mieses Bier und machen köstlichen Holunderlikör.
Tom Hodgkinson ist kein »Zurück zur Natur«-Guru. Er gibt zu, dass das einfache Leben manchmal sehr kompliziert sein kann. Aber es verheißt trotzdem all das, wovon die meisten Menschen träumen: weniger Routine, weniger Konsum, weniger Müll, mehr Sinn, mehr Spaß, mehr Lebenslust.

***Schöne alte Welt* ist ein Buch über die Kunst der praktischen Lebensführung – für alle, die Haus und Garten haben oder davon träumen.**

Tom Hodgkinson, Schöne alte Welt. Ein praktischer Leitfaden für das Leben auf dem Lande. Aus dem Englischen von Anita Krätzer. it 4228. 351 Seiten

NF 190/1/10.13

Herrliche Fundstücke aus einer anderen Zeit

Ein jedes Ding hat seine Zeit. Vieles, was vor hundert Jahren den Alltag prägte, ist heute verschwunden und vergessen. Darunter findet sich manch Kurioses oder Entbehrliches, aber es gibt auch viel Schönes und Wissenswertes aufzustöbern: Gerätschaften, Artefakte, Berufe, Kenntnisse und Bräuche, die in den ersten Jahrzehnten des 20. Jahrhunderts zum Leben auf dem Land oder in der Stadt gehörten: von Brausepulver, Kaffeemühle und Blechspielzeug über Paternoster, Taschenuhr und Weißwäsche bis hin zu Seelenwärmer und Sommerfrische sowie universal einsetzbaren Heilmitteln wie Brennnessel und Holunder.

Was für unsere Urgroßeltern selbstverständlich war, unsere Großeltern noch kannten, heute aber selten geworden oder sogar in Vergessenheit geraten ist – hier wird in über 330 Artikeln daran erinnert.

Thomas Blubacher, Wie es einst war. Schönes und Wissenswertes aus Großmutters Zeiten. insel taschenbuch 4272. 236 Seiten

NF 196/1/07.14

»Das perfekte Geschenk für die ›Landlust‹-Abonnentin.«
Frankfurter Allgemeine Zeitung

Frauen auf dem Land waren nicht nur für den Haushalt verantwortlich, sie arbeiteten ebenso auf dem Feld und im Stall wie die Männer. Es war ein hartes Leben, das nur wenig Raum für eigene Entfaltung bot. Doch es taten sich immer wieder auch Perspektiven auf, die Frauen für sich nutzten: Sie ließen sich zu Schneiderinnen, Lehrerinnen oder sogar Landärztinnen ausbilden, entwickelten Kunstfertigkeit in Handarbeit und Handwerk oder begannen zu schreiben. Die Bäuerinnen von heute sind längst in der modernen Welt angekommen und in vielen Bereichen erfolgreich tätig.
Annegret Braun lässt die Geschichte dieser Frauen aufleben und führt uns durch 150 Jahre Landleben, von damals bis heute.

Annegret Braun, Frauen auf dem Land. Eigenständige Landwirtinnen, stolze Sennerinnen, freiheitssuchende Sommerfrischler und viele andere von damals bis heute. insel taschenbuch 4306. 160 Seiten

NF 197/1/07.14

G

»Das perfekte Geschenk für die ›Landlust‹-Abonnentin.«
Frankfurter Allgemeine Zeitung

Frauen auf dem Land waren nicht nur für den Haushalt verantwortlich, sie arbeiteten ebenso auf dem Feld und im Stall wie die Männer. Es war ein hartes Leben, das nur wenig Raum für eigene Entfaltung bot. Doch es taten sich immer wieder auch Perspektiven auf, die Frauen für sich nutzten: Sie ließen sich zu Schneiderinnen, Lehrerinnen oder sogar Landärztinnen ausbilden, entwickelten Kunstfertigkeit in Handarbeit und Handwerk oder begannen zu schreiben. Die Bäuerinnen von heute sind längst in der modernen Welt angekommen und in vielen Bereichen erfolgreich tätig.
Annegret Braun lässt die Geschichte dieser Frauen aufleben und führt uns durch 150 Jahre Landleben, von damals bis heute.

Annegret Braun, Frauen auf dem Land. Eigenständige Landwirtinnen, stolze Sennerinnen, freiheitssuchende Sommerfrischler und viele andere von damals bis heute. insel taschenbuch 4306. 160 Seiten

NF 197/1/07.14

G